互联网＋职业技能系列微课版创新教材

Maya
游戏道具及场景模型
全攻略

沙旭 徐虹 李艳 编著

北京希望电子出版社
Beijing Hope Electronic Press
www.bhp.com.cn

内 容 简 介

Maya 软件是现今制作动画、游戏、影视模型最主流的软件。本书通过对 Maya 游戏道具及场景模型制作的讲解，阐述了游戏道具及场景模型制作的各项要领。本书分为 5 章，内容主要包括动画及游戏模型概述、Maya 道具概述及道具模型制作案例、Maya 场景概述及场景模型制作案例，并在部分章节设置了二维码，读者通过扫描二维码可以观看视频进行学习，从而增强学习效果。

本书可作为游戏动漫专业教学用书，也可供相关专业技术人员学习参考使用。

图书在版编目（C I P）数据

Maya 游戏道具及场景模型全攻略 / 沙旭, 徐虹, 李艳
编著.—北京:北京希望电子出版社, 2019.3
互联网+职业技能系列微课版创新教材

ISBN 978-7-83002-666-0

Ⅰ. ①M… Ⅱ. ①沙… ②徐… ③李… Ⅲ. ①三维动
画软件—教材 Ⅳ. ①TP391.414

中国版本图书馆 CIP 数据核字(2019)第 032188 号

出版：北京希望电子出版社	封面：汉字风
地址：北京市海淀区中关村大街 22 号	编辑：金美娜
中科大厦 A 座 10 层	校对：李小楠
邮编：100190	开本：787mm×1092mm　1/16
网址：www.bhp.com.cn	印张：14.5
电话：010-82626227	字数：300 千字
传真：010-62543892	印刷：北京建宏印刷有限公司
经销：各地新华书店	版次：2023 年 7 月 1 版 5 次印刷

定价：41.00 元

编　委　会

总顾问：许绍兵

主　编：沙　旭

副主编：徐　虹　李　艳　胡　超

主　审：王　东

编　委：（排名不分先后）

束凯钧　吴元红　俞南生　孙才尧　陈德银　李宏海

王　胜　蒋红建　吴凤霞　王家贤　刘　雄　徐　磊

胡传军　郭　尚　陈伟红　汪建军　赵　华

参　编：孙立民　刘　罕

前　言

Preface

　　CG（Computer Graphics，电脑图形）是通过计算机软件所绘制的一切图形的总称。目前国际上习惯将利用计算机技术进行视觉设计和生产的领域通称为 CG 。CG 产业经过几年的发展日渐成熟，三维数字影像技术（简称 3D 技术、三维技术）也随之发展和提高。为了推动国内三维技术的发展，新华电脑学院秉承"重视实战经验传授，关注职业价值提升"的教育理念，为社会输送了大量优秀的数字游戏行业的中、高端人才，同时也希望通过出版图书的形式让更多的 CG 爱好者了解新华技法。此外，随着游戏、动漫产业的迅猛发展，优秀技术人才的数量远远满足不了动漫产业的发展需求，在此希望借助本书为推动和普及 CG 领域中三维技术的应用略尽绵薄之力。

　　三维技术的不断发展逐步取代了平面动画。三维动画技术不仅限于动画片的制作，在真人扮演的电影、电视、游戏等多媒体中也得到了广泛的运用。电影中电脑特技的使用得到很多三维动画技术的支持，如今三维技术已经成为现代电影制作重要的一部分，电影利用三维技术丰富其表现手法，而动画片也吸取电影的各方面技术。

　　三维建模是动画、游戏和影视创作中不可缺少的重要部分，Maya 软件是现今制作动画、游戏、影视模型的主流软件之一。本书通过对 Maya 游戏道具及场景模型制作的讲解，阐述了游戏道具及场景模型制作的各项要领，并在部分章节设置了二维码，读者可以通过扫二维码以观看视频的形式学习，从而增强学习效果。本书在编写过程中引用了相关资料，请相关权利人与新华电脑学院联系，以商谈授权事宜。

　　由于编者水平有限，书中内容不当之处在所难免，恳请读者批评指正。

编　者

目 录
Contents

第 **1** 章

动画、游戏模型概述

1.1 三维动画、游戏概述

　　三维动画、游戏又称3D动画、游戏，它作为电脑美术的一个分支，是建立在动画、游戏艺术和电脑软件技术基础上发展形成的一种相对独立、新型的艺术形式。近年来，随着计算机技术在动画、游戏领域的延伸和制作软件的日益丰富，三维数字影像技术（简称三维技术）打破了动画、游戏制作的局限性，在视觉效果上弥补了拍摄与制作的不足。由于动画、游戏产业的高度发展，三维技术不断被应用于动画、游戏的创作，其震撼的视觉效果让人们相信：艺术可以改变生活。

　　三维技术使特技制作有了更多的艺术表现手段，传统特技使用机械模型等来模拟需要的形象，而现在很多时候已采用三维动画来完成。从三维制作的效果来看，三维技术为动画、游戏、后期合成提供了非常丰富的素材，其强大的功能可以逼真地模拟现实世界中的各类事物，让更多虚拟的元素进入作品，轻松完成现实拍摄和制作中无法做到的工作，其超炫的特效为动画、游戏作品带来了华美的包装，大大节约了动画、游戏的制作成本。三维技术具有精确性、真实性和无限的可操作性，被广泛应用于游戏制作、动画制作、影视特效、影视广告设计、栏目包装等诸多领域。如图1-1所示。

图 1-1

:::::::::: **1.2 三维技术在动画、游戏行业中的应用** ::::::::::

随着计算机技术的发展，三维电脑动画技术日趋成熟，在动画、游戏作品的制作中逐步获得了广泛的应用，已成为当今动画、游戏制作的主要手段之一。众多功能日趋强大的三维软件给现代动画、游戏、影视作品的设计制作带来了极大的便利，也为设计师开拓了更广阔的创意空间。在动画、游戏、影视制作中，三维技术主要应用于虚拟现实场景的制作、角色动画的制作、运动过程的模拟及重建、后期特效等方面。

三维动画丰富的表现手法增强了动画、游戏、影视作品的艺术表现力，超越了一般艺术的表现局限，充分发挥了设计者的想象力，几乎不受外界的任何阻挠。动画形象的塑造和特技的运用，更赋予影视作品与动画游戏作品独特的艺术魅力，形成了传统影视动画手法无法达到的视觉与艺术境界、审美特征和超现实的独特个性。在实际生活中没有或人们无法看到的现象，都可以在动画中得到实现，这极大地满足了观众的心理需求，使电影、电视更具欣赏力与吸引力。许多创意优秀、反响强烈的影视作品，在制作中都有三维动画合成技术的支持。如图1-2所示。

图 1-2

好莱坞作为世界电影制作的最前沿，同时也是展示美国计算机三维技术的舞台，其电影产品与动画产品对计算机三维技术的应用能力，以及所诞生出来的影视作品和动画作品所展现的艺术成就也是走在世界前列的。正是因为计算机三维技术具有种种传统技术所不具备的能力和优势，这种技术几乎已经成为当前影视制作与动画制作的通用技术，在这样的大背景下，研究三维技术在动画、影视行业中的应用具有非常重要的意义。

1.3 动画、游戏的生产流程

动画、游戏制作是一门涉及范围很广的技术，不但需要具备软件使用技术，还需要拥有扎实的艺术功底和创造力。它的生产流程通常分为前期的剧本创作设定，中期的三维制作和，以及后期的最终合成、剪辑三个阶段，每个阶段都有相应繁杂的任务目标。

三维制作处于整个流程的中期阶段，大致上又可以分为模型、材质贴图、设置绑定、镜头、动画、灯光渲染等几道工序，如图1-3所示。

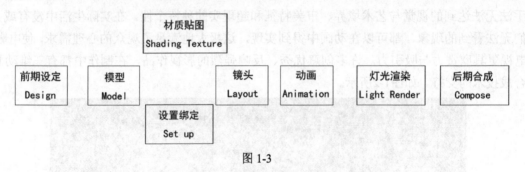

图 1-3

1.4 模型在生产流程中的位置和要求

模型是三维作品中一个非常重要的环节，是三维动画、游戏项目中核心的部分，它将二维上的原画设定稿实现成立体的三维模型，只有开始的模型建得好，建得合理，才能让后续的工作变得顺利和轻松。

模型的制作大致有两个方面的要求。首先是造型方面，不仅要把模型做得精致准确、造型合理，还需要有很高的还原度，尽可能贴近原画设定稿；然后是布线方面，因为模型只是生产流程中的一个阶段，它不是孤立存在的，之后还需要对其进行动画制作，如果模型的布线不合理，会对动画制作造成很大的影响。

1.5 模型的类别

模型通常分为角色、道具与场景三种类型，它们是一部动画、游戏或电影必需的组成部分。作为一个好的美术设计者，不仅要把它们的外形设计得精美准确；还要反映出剧情所发生的社会背景、历史文化、风土人情等，因为它们会直接反映剧情那个时期的特点；更要考虑模型的意境体现，利用一景一物传达内心情感。

角色是一部动画片、游戏或电影中的表演者，是一部好的动画片、游戏或影视作品的重要元素。游戏和动画片中的角色形象如同电影和电视中的真人一样，担负着演绎故事，推动戏剧情节，揭示人物性格、命运，以及体现影片、游戏主题的重要任务。动画片、游戏和影片中的角色造型也是形成影片整个风格的重要元素，如图1-4所示。

道具泛指场景中装饰、布置用的可移动物件，是和电影场景、剧情和人物相关联的一切物件的总称，如图1-5所示。

图1-4

图1-5

场景是影片叙事的基本载体和影片特定的空间环境，是影片重要的造型元素。现代电影的场景，可以是现实空间环境，也可以是非现实空间环境，但是，这两种场景的存在都要求体现和反映剧本设定的情境，如图1-6所示。

建立角色、道具及场景模型时，模型的比例要确保统一，严格按照原设定比例进行制作。

图1-6

:::::::::: 1.6 模型的美术风格 ::::::::::

模型设计、制作的好坏对整部影片的视觉效果起着决定性的作用，所以在制作过程中，需要特别注意其风格的把握。它的风格一方面取决于剧本故事具体的内容和题材，另一方面取决于导演和主创人员的审美取向。模型的美术创作风格大体分为写实风格、半写实风格和卡通风格。

1. 写实风格模型

写实风格的模型是指按照事物真实的样式进行表达的方式。在模型的造型过程中，所呈现的是一个"真"字，不管是结构、比例、形状、色彩还是绘制手法，都是按现实人物或动物的真实状态进行创作、设计的。写实风格的模型，无论是客观物体的再现，还是艺术家的想象、再创造，给人的感觉应该都是真实的。制作写实风格的模型需要过硬的绘画基本功，如图1-7所示。

图 1-7

2. 半写实风格模型

半写实风格的模型造型是在写实的基础上进行艺术加工、改造，通过夸张甚至变形的手法突出模型的主要特征，既不失写实的特色，又加入了更多设计者创作的成分。设计半写实风格的模型，有时甚至比写实风格的难度还要大，设计者除了要具备过硬的绘画基础外，还要了解多种卡通绘制技法，如图1-8所示。

图 1-8

3. 卡通风格模型

卡通风格的模型一般是通过夸张、变形、提炼的手法，以幽默、风趣、诙谐的艺术效果进行表现，既可以滑稽、可爱，也可以严肃、庄重，具有鲜明的原型特征，是一种被采用最多的艺术形式，如图1-9所示。

图 1-9

⋮⋮⋮⋮⋮⋮⋮ 1.7　模型的制作方法与工具——Maya ⋮⋮⋮⋮⋮⋮⋮

模型是利用计算机进行设计与创作，通过使用三维建模软件，按照要表现对象的形状以及尺寸建立的三维物体，这是三维动画制作中一项十分繁重的工作，出场的角色和场景中出现的物体都需要建模。需要注意的是，计算机所建立的三维模型并不是现实三维空间中的物体，而是通过计算机实现的在视觉上产生三维效果的模型。

三维制作软件有很多，不同的行业所使用的软件也不同，它们各有所长，可根据工作需要进行选择。目前国际上最为流行的三维制作软件主要包括：Maya、3ds Max、Softimage/XSI、LightWave 3D、CINEMA 4D等。

本书介绍的模型是以Maya为制作工具。Autodesk Maya是美国Autodesk公司出品的世界顶级的三维制作软件，应用于专业的影视广告、动画、游戏制作和电影特效制作等。Maya软件功能完善，工作灵活，易学易用，制作效率高，渲染真实感很强，是电影级别的高端制作软件。

Maya集成了Alias、Wavefront最先进的动画及数字效果技术，不仅具有一般三维视觉效果的制作功能，而且还与最先进的建模、数字化布料模拟、毛发渲染、运动匹配技术相结合。目前市场上用来进行数字和三维制作的工具中，Maya为首选解决方案。Maya强大的功能使之成为设计师、广告主、影视制片人、游戏开发者、视觉艺术设计专家、网站开发人员的首选三维制作软件，同时也将其制作标准提升到更高的层次。

Maya广泛应用于近年来所有荣获奥斯卡最佳视觉效果奖的影片制作中，如《星球大战》系列、《指环王》系列、《蜘蛛侠》系列、《钢铁侠》系列、《哈里波特》系列、《变形金刚》系列、《阿凡达》系列，《环太平洋》《最终幻想》《海底总动员》《冰河世纪》《功夫熊猫》《疯狂原始人》《蓝精灵》，以及国内魔幻大片《大闹天宫》等，可以看出Maya技术在电影领域的应用越来越趋于成熟。如图1-10所示。

图 1-10

:::::::::: 1.8 本章小结 ::::::::::

本章主要介绍了三维影视、动画行业方面的内容及模型的基础知识，帮助大家熟悉影视、动画的生产流程，了解模型的制作方法和制作工具，希望通过对本章的学习能进一步提高大家对三维模型制作的兴趣。

第 **2** 章

Maya 道具概述

在电影、动画、游戏里面，除了人物以外，其他的构建元素就是道具。多个道具的组合可以形成一个场景，场景配上人物和一些离散的道具就组合成一部动画或游戏，由此说明道具在影视、动画、游戏中的重要性。

2.1 道具的概念

道具是电影、动画中的一种重要造型，是与"场景和剧情人物"有关的一切物件的总称。简单地说，道具就是动画、游戏作品中人物动作经常使用的和陈列的物件，如武器、汽车、手表、眼镜等。按照在动画、游戏中的功能来划分，道具主要有陈设道具和贴身道具等。如图2-1所示。

图 2-1

2.2 道具的作用

道具在动画及游戏作品中起着举足轻重的作用，它不仅是环境造型的重要组成部分，也是场景设计的重要造型元素，它与场景环镜的空间层次、效果以及色调的构成是密不可分的。在动画和游戏作品中的道具，除了具有交代故事背景、推动情节发展、渲染游戏和辅助表演的作用外，对刻画人物性格、表现人物情绪也发挥着重大的作用。

1. 交代故事背景

道具是刻画角色性格、背景甚至是角色存在价值的具体条件，可以交代故事发生的时间、地点、季节、气候和环境等；同时道具是理解人物形象的线索，了解角色是处于工作环境、家庭环境还是娱乐环境中等。比如一把利剑，根据它的材料、做工以及装饰可以判断出它的年代，如图2-2~图2-5所示。

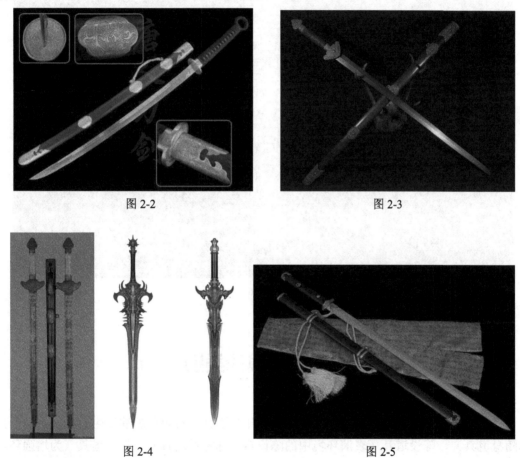

图 2-2   图 2-3

图 2-4   图 2-5

2. 推动情节

有的道具虽然体积小，但是它对剧情的推动作用却是不容忽视的。它与故事的发展或角色的命运密切相关。

3. 渲染气氛

道具使用得当，可以营造出某种特别的气氛效果和情绪基调，如战场上的武器可以进一步烘托战场的激烈气氛。

4. 刻画人物

道具与角色之间有着非常密切的联系。道具具有强化角色的性格和形体特征的作用，可以展现角色的身份和地位、兴趣和爱好，有力地烘托角色，增加角色的感染力。如图2-6的盾牌和法杖，可以进一步强调角色的职业和能力。

综上所述，道具必须根据动画剧情的整体要求和角色所处的时代、角色的身份地位、角色的个人爱好等方面着手进行设计，不可以脱离这些方面，以免对观众造成不必要的误导。

图 2-6

:::::::: 2.3 道具的类别 :::::::::

道具的分类有很多种。按照用途可分为：随身道具（与角色表演发生直接关系的器具称随身道具）、陈设道具（表演环境中的陈设器具称陈设道具）、气氛道具（为增强环境气氛，说明故事发生时局、战况等特定情景的道具称气氛道具）。

1. 随身道具的设计

随身道具的设计是指角色中或随身配备的道具，它与角色表演发生直接关系，具有一定的标志性的提示作用，赋予角色魅力，辅助说明角色性格。如中国的很多武侠剧中，每个人都有适合自己的兵器，敏捷型的往往使用刀剑，力量强大的往往使用锤子和斧头。随身道具的造型关乎正反形象、角色内心、角色情感等的塑造。为了避免观众误解，正面角色道具的造型设计应与反面角色道具的造型设计有明显的差异，在进行设计的时候需要根据角色身份合理搭配。随身道具特色鲜明，是角色标识性设计的重要部分，对角色与道具的关联性塑造有一定的作用，强化人物身份，推动剧情发展，辅助表演，实用性强。如图2-7所示。

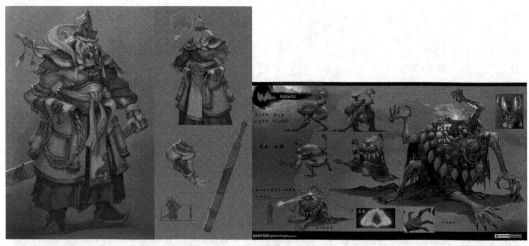

图 2-7

2. 陈设道具的设计

一般说来，游戏场景、动画场景里表演环境中陈列的器具多为陈设道具。陈设道具具有指向性，可以呈现时代特色，塑造场景环境气氛、地区风貌，以及表现角色家庭环境、所属阶层、习惯爱好等。进述故事少不了陈设道具的搭建，如《冰河世纪》里遥远冰河时代的时代搭建，《料理鼠王》里厨房厨具的搭建，《海底总动员》里神奇的海底世界的搭建都需要配合剧情进行陈设道具的设计，如图2-8所示。在进行陈设道具设计的时候，需要根据动画、游戏的风格类型等综合因素进行合理搭建。

图 2-8

　　道具按体积的大小又可分为大、中、小道具。如科幻、战争题材中的军舰、飞船、坦克等机械设计属于大道具，桌椅、厨具等家具设计属于中道具，茶壶、文具等生活用品属于小道具。如图2-9和图2-10所示。

图 2-9

图 2-10

::::::::::： 2.4　道具制作的原则 ::::::::::

　　道具是影视、动画作品中不可忽略的一部分，它是一个独立的体系，属于造型的一个重要单元，但是道具的设计不应该也不能和场景设计、人物造型设计分离，必须遵循相互联系、从整体到局部的艺术设计的原则。如图2-11所示。

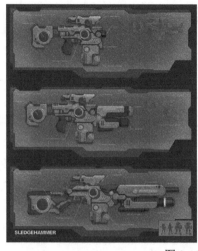

图 2-11

道具制作应遵循以下原则。

1. 道具应与作品的整体风格相一致

道具的设计应该随作品的整体风格作出相应的变化。如果作品风格夸张，那么道具的设计就应该适当夸张。不统一的设计风格会使整部片子在视觉和思维上产生不和谐感。

2. 道具应与角色的个性塑造要求相吻合

道具是角色性格特征的表现，因为道具设计必须跟着角色走，角色鲜明的个性在道具设计上也要有充分的体现。例如正、反面人物使用的武器各不相同，反面人物使用的武器带有黑暗性质特点，而正面人物则反之。电影《美国队长》中，男主角使用的道具是盾，可以完美地衬托出男主角坚毅的品格，以及勇敢捍卫国家利益的个性特征，如图2-12所示。

图 2-12

:::::::::: 2.5 道具制作的方法 :::::::::

道具制作的方法如下。

（1）概括和简练。对基本型的概括提炼，突出物体的结构和特征。

（2）适度夸张。夸张是动画、游戏造型中最基本的特征之一，过于写实和自然的造型淡而无味，夸张的造型才能吸引眼球。

总之，在开始设计道具之前需要充分了解作品整体的艺术风格、时代背景以及角色个性，再根据了解的信息大量收集素材。道具的设计必须从整体着手，不可孤立地看待道具设计。

第 3 章

Maya 道具模型
制作案例

本章主要介绍斧和头盔的模型制作，这是两个比较典型的案例。斧的形态相对扁平但比较独特，对于练习复杂、奇特的物体形体把控上十分适合。头盔的外形中规中矩，没有过于复杂的造型，但是本身形态饱满，对于习惯通过二维平面图片来认知物体的人来说可以更好地练习三维空间感。通过对本章的学习，可以提高对造型以及三维空间感的把控能力。

3.1　案例——斧

兵器自古就有，古代兵器不只是为了防御，有时更是身份地位的象征。兵器的先进程度往往决定了一个国家的强盛与否。

中国古代有"十八般武艺"之说，其实也就是指十八种兵器，一般是指弓、弩、枪、棍、刀、剑、矛、盾、斧、钺、戟、殳、鞭、锏、锤、叉、钯、戈。而中国武术中的兵器远不止十八种，如果加上各种奇门兵器和形形色色的暗器，其总数不下百种，如图3-1所示。

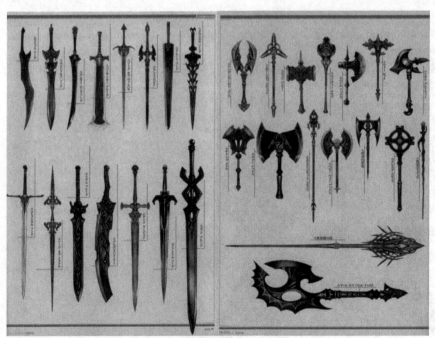

图 3-1

3.1.1 斧模型概述

本节介绍的道具模型是战斧，战斧属于随身道具（装备），如图3-2所示。下面介绍斧的特点、结构以及分类。

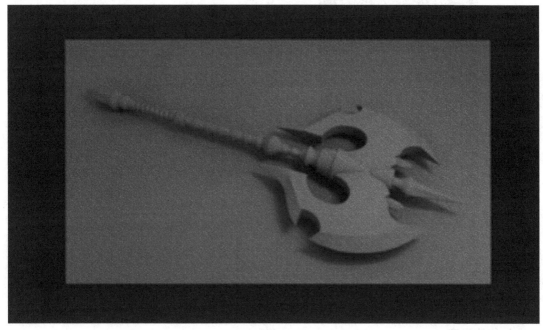

图 3-2

1. 斧的特点

斧在上古时代不仅是用于作战的兵器，而且是军权和国家统治权的象征。斧舞动起来，姿势优美，风格粗犷，豪放、勇猛；主要技法有劈、剁、搂、砍、削、撞等。

2. 斧的造型结构

斧是一种武器或者伐木工具，是由一根木棍把手连接着一块梯形刀片构成。斧是利用杠杆原理和冲量等于动量原理来运作的，一般分为斧头和斧柄两个部分：斧头一般为坚硬的金属，如钢铁；刀口形状一般为弧形，有时也为直线形或扁形；斧柄一般为木质或金属的。

3. 斧的分类

斧自身又分为很多种类，包括板斧、大斧、鱼尾斧、短斧、凤头斧、双斧等，如图3-4中的双刃战斧和图3-5中短小的手斧。每一种斧在造型上有各自的特点和功能。

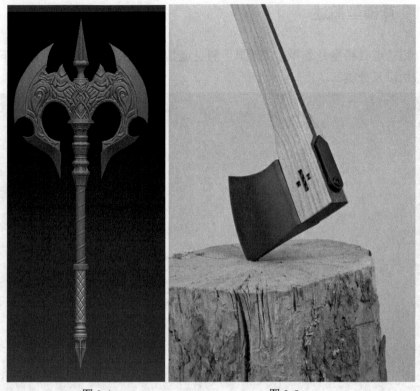

图 3-4   图 3-5

4. 斧的设定

在进行武器道具设定时，并不是对现实生活中的事物进行模拟，而是在现实的基础上进行夸张、丰富，借助丰富的想象，以种种方式来描绘充满梦幻的想法，如图3-6和图3-7所示。

图 3-6

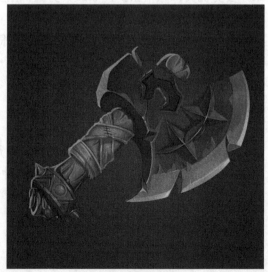

图 3-7

3.1.2 制作思路

本节要制作的斧，结构有些复杂，细节也比较多。制作时通常先从大形开始，然后逐步深入和细化，最后再添加小的零部件结构。本例的难点主要在于划痕的布线处理、麻绳的制作方法，还有头骨的布线造型。

3.1.3 制作流程

斧道具的制作主要分为大形的制作、结构的细化和配件的制作3个阶段。

（1）在大形的创建中，利用Maya基本模型或创建多边形工具，通过加线编辑调出斧的结构形状，再进行合理的布线。

（2）整体的大形制作完成之后就可以对结构进行细化了，斧的尖刺和裂痕是主要的细节，而这些尖刺和裂痕需要根据结构走的布线来制作。

3.1.4 参考图导入

为了之后模型的制作更加准确和快捷，需要把斧头参考图导入Maya作为参照物体，这样就可以通过对比参考图来进行制作。参考图的导入方法，需要借助摄影机镜头来显示。

（1）先把需要插入图片的窗口放大（参考图是正视的，则选择正视图窗口；同理，不同的角度选择对应的窗口），在窗口左上角选择摄像机指令，如图3-8所示。

图 3-8

（2）如图3-9所示，在整个Maya界面右边窗口内，找到"环境"指令，执行里面的创建摄影机，如图3-10所示。这个时候右边的窗口会改变，如图3-11所示，在图中方框内载入图片。

图 3-9

图 3-10

图 3-11

（3）此时参考图片已经导入进来，但是它处于视图最中间，不便于编辑制作，所以看右边窗口，如图3-12所示，按照图中方框内数值更改对应的数值。方框内有3个可以更改数值的地方，分别代表X、Y、Z 3个方向，可以根据情况调整。

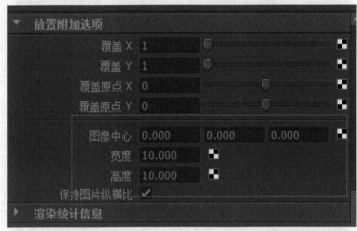

图 3-12

（4）执行Window（窗口）命令，在其子菜单中选择Rendering Editors （渲染编辑器），点开窗口，最后选择二级子菜单里的Hypershade（超级图表）。

3.1.5 大形的创建

大形的创建可利用Maya的基础模型或者创建多边形工具，通过加线编辑调出斧头的结构形状，需要注意的是整体的比例和大的结构关系，尤其是斧头不规则的形状，还需要进行合理的布线。

（1）执行网格工具指令，在子菜单中执行创建多边形。根据参考图，以线条的形式来创建模型的大形，如图3-13所示，以此方法沿着原画的大形开始描画。由于斧头两边是对称的，只需要制作斧头的一半即可，如图3-14所示。

图 3-13

图 3-14

（2）基本形状创建好之后，此时模型的布线是空的，只是空有大形，这样的模型是无法使用的，所以接下来需要整理模型线条。线条的布线很有讲究，需要沿着物体结构布线。布线方式可以参考图3-15，最后效果如图3-16所示。

图 3-15

图 3-16

（3）完成斧头的布线整理以后，需要把完成的斧头大形的面挤压出厚度。首先把模型模式切换成面片模式。切换方法为：长按鼠标右键，这时会弹出一个界面，如图3-17所示。切换成面片模式后，选中所有的面，把面片挤压出厚度。挤压的命令有2种：执行编辑网格指令在子菜单中执行挤出，如图3-18所示；直接在操作界面选择挤出按钮，如图3-19所示。挤出效果如图3-20所示。

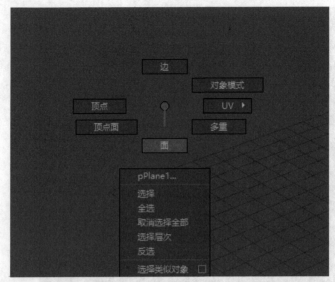

图 3-17

图 3-18

图 3-19

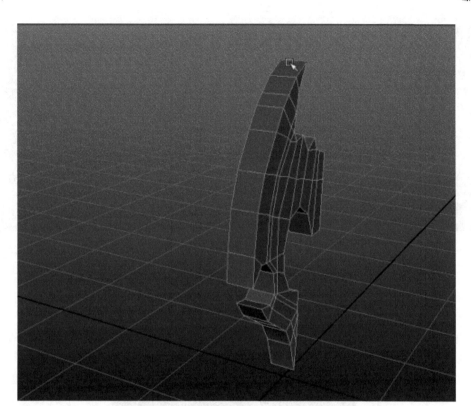

图 3-20

（4）现在，斧头有了厚度，还需要对斧刃进行处理。首先需要切换成点模式，选中模型，然后长按鼠标右键，会出现一个指令窗口，把鼠标指针拖到点的指令上，如图3-21所示。

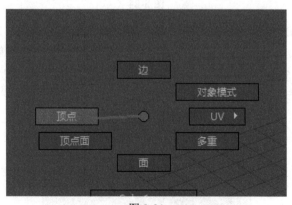

图 3-21

（5）选中斧刃口的两点，如图3-22所示，长按鼠标右键+Shift键，把鼠指针标向上移动2次，执行移动到中心点命令，执行后效果如图3-23所示，反复进行此操作，把斧刃处都缝合。最终效果如图3-24所示。

图 3-22

图 3-23

图 3-24

（6）此时斧头的大部分形状已经完成，还需要作最后的调整。之前所做的斧头其实是整个斧头的一半，由于斧头对称，可以把另一半复制出来，这样就产生了多余面，如图3-25所示，需要把多余的面删除。切换面的模式如图3-26所示，把多余的面选中，执行Delete键删除多余的面，最终效果如图3-27所示。

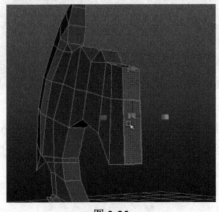
图 3-25

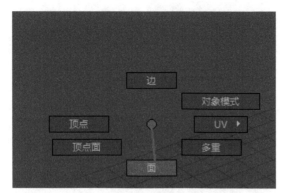

图 3-26

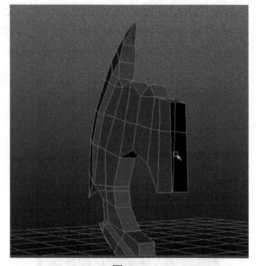

图 3-27

（7）斧头的形状基本完成，但侧面看过去还是平的，因为游戏中是三维空间，360°的形状都需要调整，所以最后要对大形上的细节部分进行调整，如图3-28所示；并且在模型比较硬的边界上加保护线，如图3-29所示。最终效果如3-30所示。

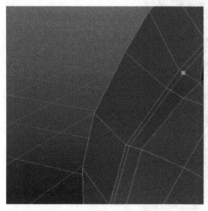

图 3-28

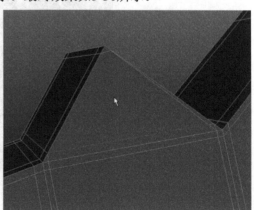

图 3-29

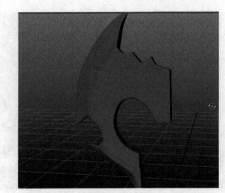

图 3-30

（8）斧头基本完成，需要把其他四分之三镜像复制出来。选中模型执行编辑，在其子菜单中选择特殊复制，选中特殊复制右侧的小方框，如图3-31所示，会弹出一个窗口，如图3-32所示，缩放一栏的3个属性分别代表X、Y、Z轴。把其中一个对应模型背面的轴向改成-1，再执行复制，会得到图3-33的效果。剩下的半边接着下面的步骤做。

图 3-31

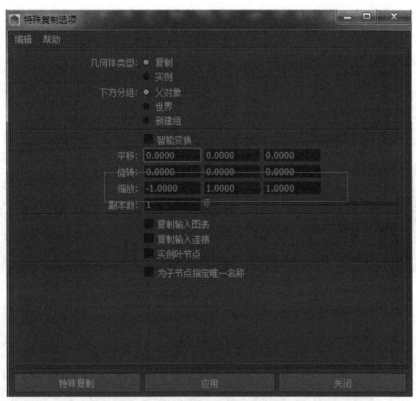

图 3-32

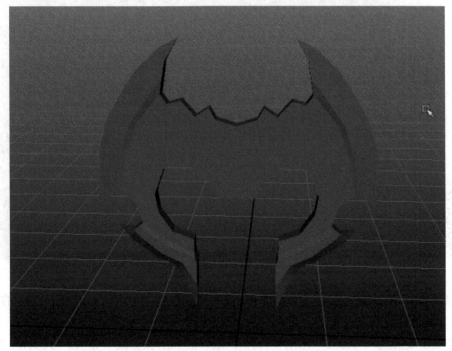

图 3-33

（9）现在开始做斧头的配件，如斧头和斧柄连接处的接口，如图3-34所示。先以一个圆环开始制作，如图3-35所示。新建的圆环段数过多，可以减少段数，如图3-36所示。

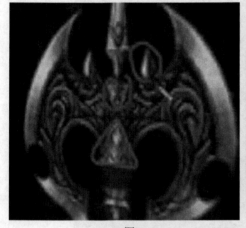

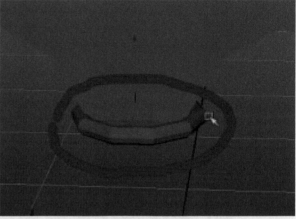

图 3-34   图 3-35

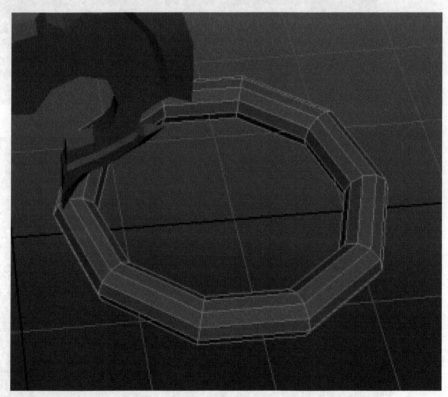

图 3-36

（10）用挤压工具在圆环上方的面挤出一个厚度，如图3-37所示，并把上方的面向中间缩下，做出原画中的三角形，如图3-38所示，可以看到布线和形状并不是很好，可以把线条整理下，最后效果如图3-39所示。调整完成以后加上保护线，如图3-40所示。

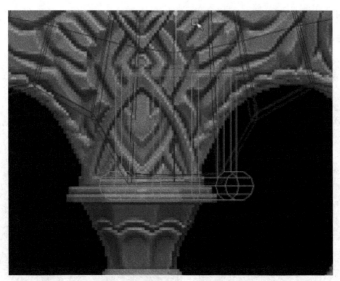

图 3-37

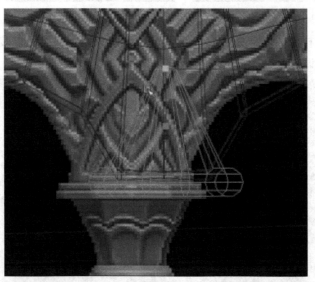

图 3-38

图 3-39

图 3-40

（11）模型做好以后，删除多余的部分，只留一半，如图3-41所示，执行编辑，到其子菜单里选择特殊复制，把另外一半复制出来，效果如图3-42所示。

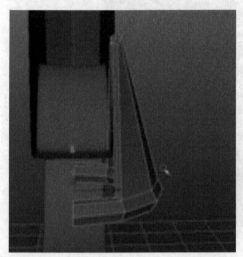
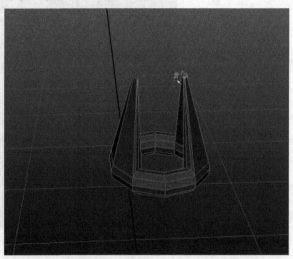

图 3-41　　　　　　　　　　　　　　　　　图 3-42

（12）再用同样的方法上下倒转特殊复制一次，如图3-43所示。复制完之后根据原画把复制出来的模型调整下，如图3-44所示。

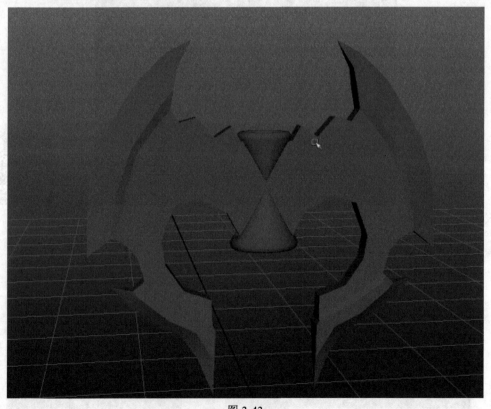

图 3-43

图 3-44

（13）接下来做斧头上的尖刺。可以先复制斧头上的几个尖刺，如图3-45所示，选中需要复制的面，然后执行编辑网格，在其子菜单里选择复制，如图3-46所示。

图 3-45

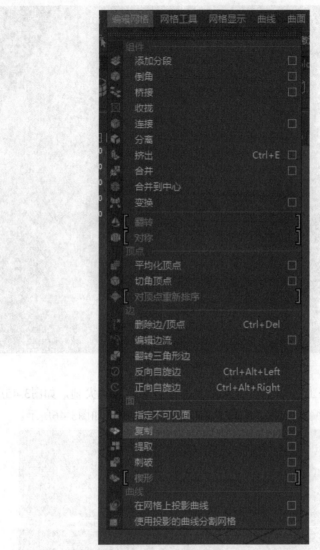

图 3-46

（14）把复制出来的面执行挤压操作，如图3-47所示。切换到点的模式，如图3-48所示。调整尖刺的形状，如图3-49所示。正面和侧面的形状都要进行调整，如图3-50所示。

图 3-47

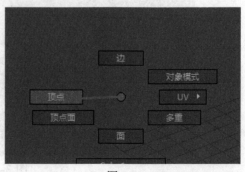

图 3-48

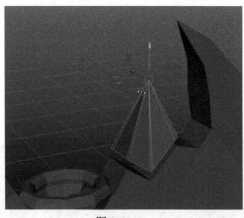

图 3-49

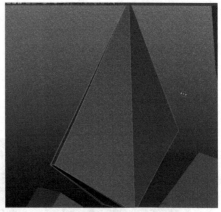

图 3-50

（15）现在基本完成了斧头的模型，如图3-51所示。通过执行编辑的二级菜单里的特殊复制，把之前做了一半模型的另外一半对称复制出来，如图3-52所示。复制完成后，注意要把原模型和复制出来的模型的接口缝合起来。缝合的方法：首先选中需要缝合的两个模型，执行网格选择子菜单里的结合，如图3-53所示；然后选中接缝处的所有点，如图3-54所示；接下来执行编辑网格，在其二级菜单中选取合并，如图3-55所示，这样就完成了合并。在此只列举斧头的缝合，模型其他地方的缝合也是同样的方法。

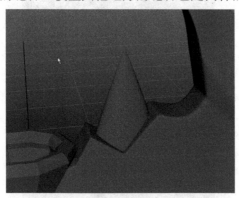

图 3-51

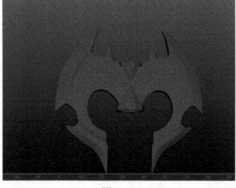

图 3-52

图 3-53

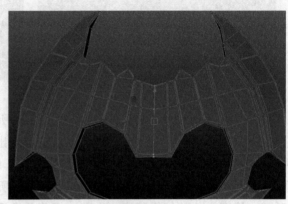

图 3-54

图 3-55

（16）接下来制作斧柄，可以利用斧头下方三角圆环的面来制作。首先选中三角圆环下方的面，挤出一定的厚度，如图3-56和图3-57所示，并且根据原画调整模型的形状，如图3-58所示。

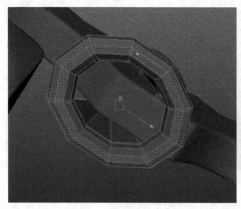
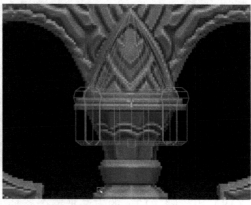

图 3-56　　　　　　　　　　　图 3-57

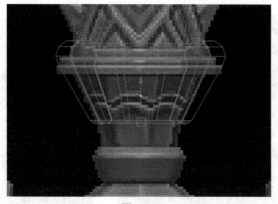

图 3-58

（17）新建一个圆柱，根据原画对圆柱形状进行更改，如图3-59和图3-60所示。选中圆柱下方的面，挤压出一个厚度，并且调整其形状，如图3-61和图3-62所示。

图 3-59　　　　　　　　　　　图 3-60

 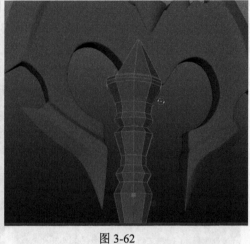

图 3-61   图 3-62

（18）用步骤（17）的方法把整个斧柄做出来，如图3-63所示。最终效果如图3-64所示。

图 3-63   图 3-64

（19）现在开始做斧头上面的尖刺，选中之前做的三角圆环，并且提取圆环上方的环面，如图3-65所示。提取完环面以后，切换边的模式如图3-66所示，执行合并到中心的命令，如图3-67所示。最终的效果如图3-68所示。

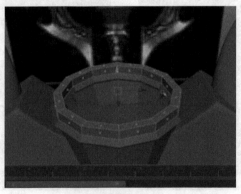

图 3-65

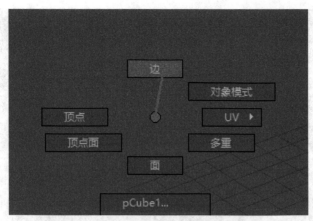

图 3-66

图 3-67

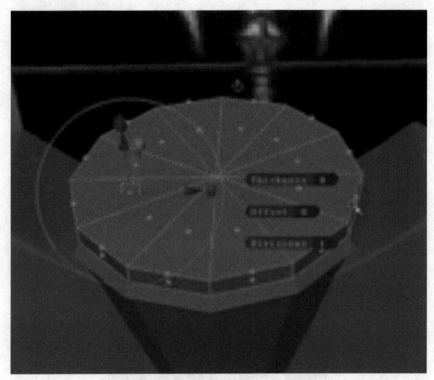

图 3-68

（20　在圆形面的中间加上线条，做一个小圆面，如图3-69所示，然后挤压，做出尖刺下方的根部，如图3-70所示。再次挤压出尖刺的顶尖部分，如图3-71所示，最后选中尖刺顶尖的点，执行编辑网格，在其子菜单中选择合并到中心，把所有点合并到中心，如图3-72所示。

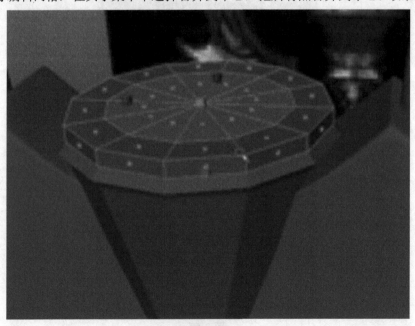

图 3-69

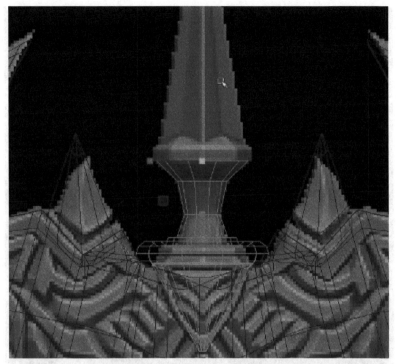

图 3-70

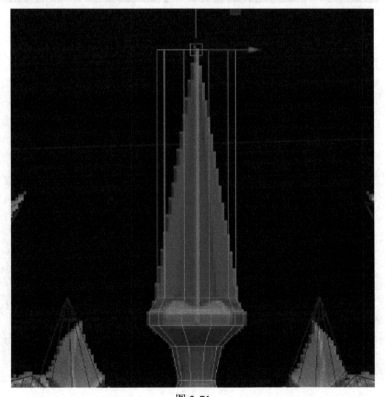

图 3-71

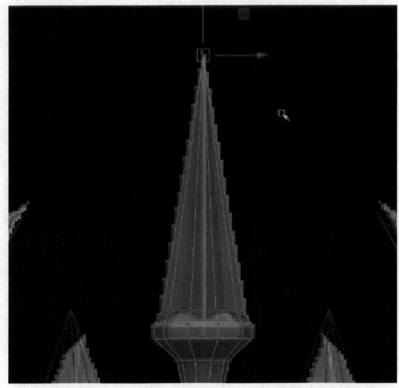

图 3-72

（21）　大形基本完成，现在给模型加上保护线，如图3-73和图3-74所示。加完保护线之后的效果如图3-75所示。

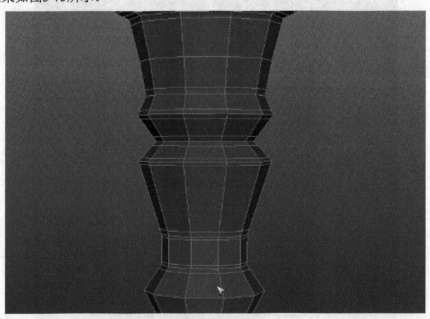

图 3-73

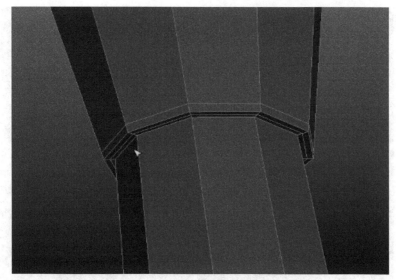

图 3-74

图 3-75

　（22）现在来做斧柄上的环线，执行：创建，选择其子级菜单中的多边形基本体，再在其二级子菜单中选择螺旋线，如图3-76所示。创建一个类似弹簧一样的螺旋线，如图3-77所示。创建好之后调整一下螺旋线的形状，要与斧柄相贴合，如图3-78所示。

图 3-76

图 3-77

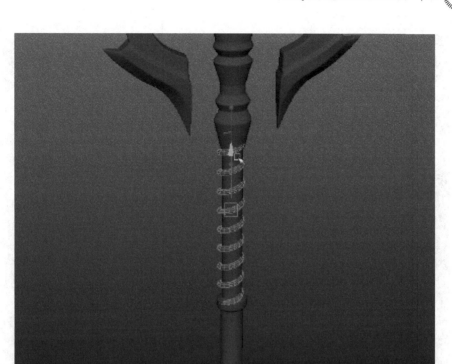

图 3-78

（23）最后再做一个斧柄上的细节。先建立一个圆环，如图3-79，调整一下圆环的形形状，使之与斧柄贴合，如图3-80所示。注意圆环与螺旋线之间的衔接，如图3-81所示。

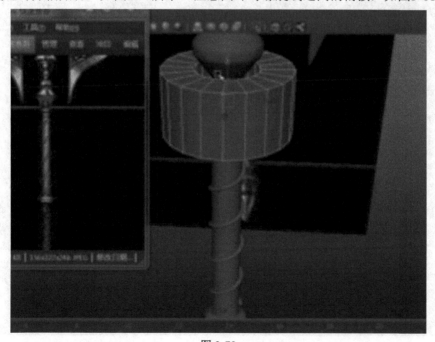

图 3-79

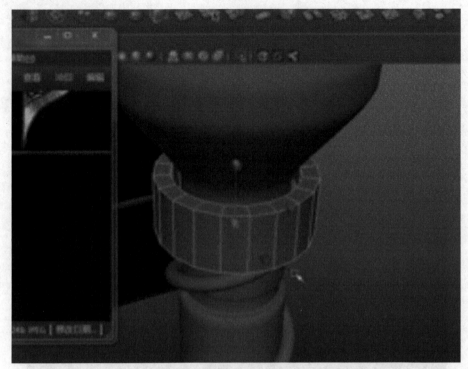

图 3-80

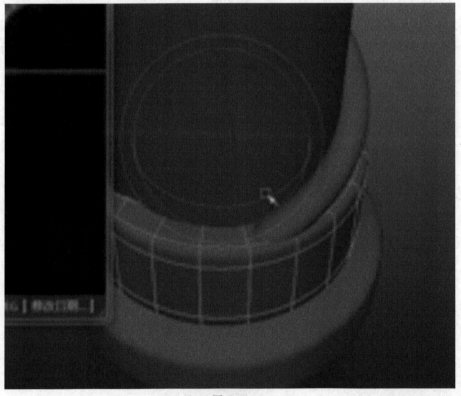

图 3-81

（24）模型制作完成，最终效果如图3-82所示。

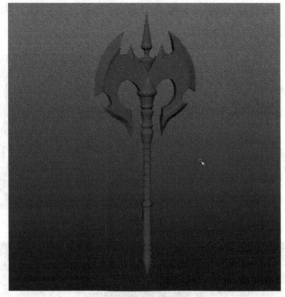

图 3-82

:::::::::: 3.2　案例——头盔 ::::::::::

本节要制作的是一种科幻头盔，这种穿戴式的盔甲在游戏里也算是一种道具。

3.2.1　头盔模型概述

1. 头盔的特点

相对于古代的传统头盔，这种头盔除了具有基本的防护功能外，视觉上科技感十足，制作头盔时需要注意其科技因素的表现，如图3-83所示。

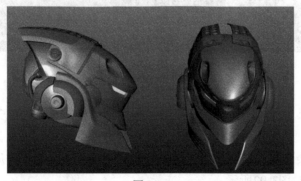

图 3-83

2. 头盔的造型、结构

头盔是一种防具，由金属制成，一般为坚硬的金属，如钢铁，为了突出科技感，也可以是某种合金，如图3-84~图3-86所示。

图 3-84

图 3-85

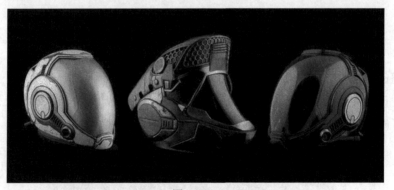

图 3-86

3. 头盔的分类

头盔是整套防具中的一个部件，它不像武器用法、样式以及功能多种多样，头盔作为防具功能只有防护，虽然到了现代以后，可能还会有些红外线、夜视甚至像钢铁侠那种智能电脑，但是都不会影响其以防护为主的外形设计。唯一区别在于材质和文化风格造成的外形差异，如图3-87~图3-92所示。

图 3-87

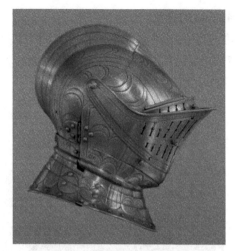

图 3-88

图 3-89

图 3-90

图 3-91

图 3-92

4. 头盔的设定

在进行头盔道具设定时，并不是对现实生活中的事物进行模拟，而是在现实的基础上进行夸张设计，通过借助丰富的想象，以种种方式来描绘充满梦幻和虚拟的想法，如图3-93~图3-96所示。

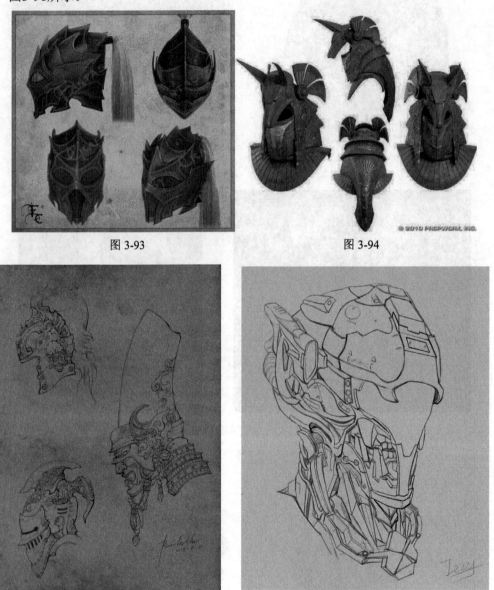

图 3-93　　　　　　　　　　　图 3-94

图 3-95　　　　　　　　　　　图 3-96

🎮 3.2.2　制作思路

本节要制作的头盔，结构稍微有些复杂，另外细节也比较多。制作时通常也是先从大形开始，然后再逐步深入和细化，最后再添加小的零部件结构。难点主要在于现代感布线处理，以及凹槽的制作方法。如图3-97~图3-99所示。

图 3-97

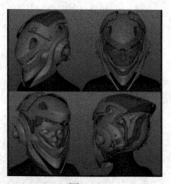

图 3-98

图 3-99

3.2.3 制作流程

头盔道具的制作主要分为大形的制作、结构的细化和配件的制作3个阶段。

（1）在大形创建中，利用Maya基本模型或创建多边形工具，通过加线编辑调出头盔的结构形状，并进行合理的布线。

（2）整体的大形制作完成之后就可以对结构进行细化，头盔的一些凹槽配件是主要的细节，而这些的细节就是需要根据结构走的布线来制作。

（3）头盔的配件主要指头盔大形中延伸出来的一些东西，比如头盔上的钥匙孔等配件。

3.2.4 参考图导入

为了之后在模型的制作过程中更加准确和快捷，需要把头盔的参考图导入Maya作为参照物体，这样就可以通过对比参考图来进行制作。参考图的导入方法，需要借助摄影机镜头来显示。如图3-100所示。

图 3-100

（1）首先把需要插入图片的窗口放大（如果参考图是正视的，则选择正视图窗口；同理，不同的角度选择对应的窗口），在窗口左上角点选选择摄影机指令，如图3-101所示。

图 3-101

（2）注意右边属性栏如图3-102所示，在窗口中找到"环境"并执行里面的创建摄影机，如图3-103所示。此时右边的属性栏会改变，如图3-104所示，在图中载入图片。

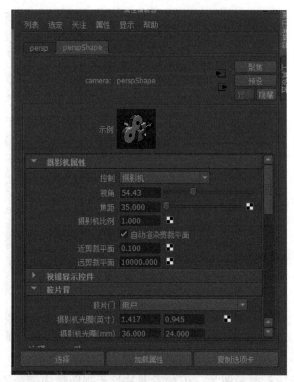

图 3-102

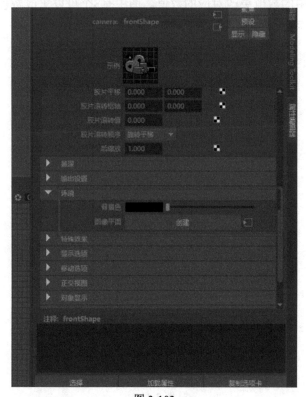

图 3-103

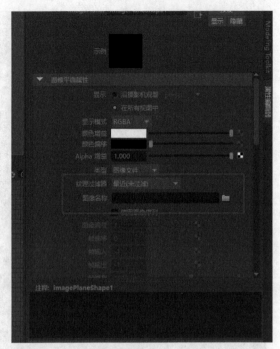

图 3-104

（3）此时已经导入参考图片，但参考图片处于视图最中间，不便于编辑制作，如图 3-105所示，按照图中的数值更改对应的数值。图中有3个可以更改数值的地方，分别代表 X、Y、Z 3个方向，可以根据情况调整。

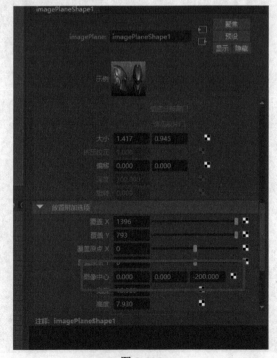

图 3-105

3.2.5 大形的创建

通常利用Maya的基础模型或者创建多边形工具创建大形，通过加线编辑制作出头盔的结构、形状，需要注意的是整体的比例和大的结构关系，要注意头盔表面的凹凸细节。虽然先做大形，但也要考虑布线是否合理，方便后期制作细节。

（1）以一块面片开始制作，如图3-106所示，依照黄线画出的位置，先做盔甲顶部的形状。

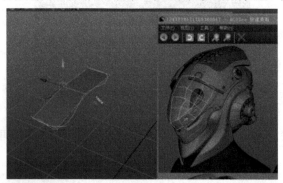

图 3-106

（2）切换边的模式，选择面片最前端的边挤压出一定的厚度，如图3-107所示；再用同样的方法挤压出其他边，如图3-108所示。最终的效果如图3-109所示。

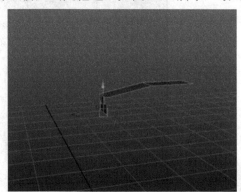

图 3-107

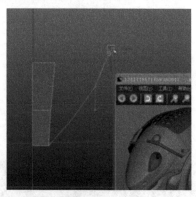

图 3-108

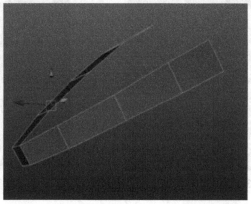

图 3-109

（3）如图3-110所示，选中尾部的两条边执行挤压命令。

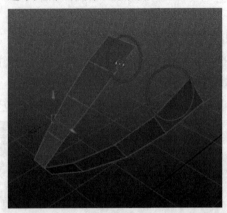

图 3-110

（4）把挤压出来的面重合在一起，如图3-111所示，同时执行再合并命令合并起来起来，如图3-112所示。

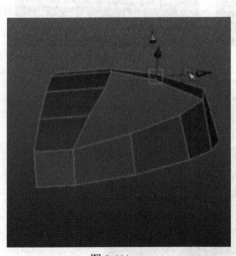

图 3-111   图 3-112

（5）接下来选中空洞处的任意一条边，执行网格命令，选择子菜单里的填充洞，如图3-113所示。模型中间的空洞填充完成，效果如图3-114。

图 3-113

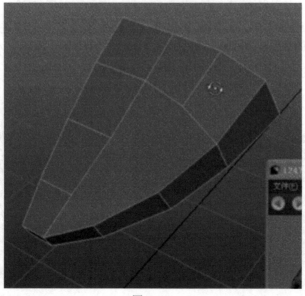

图 3-114

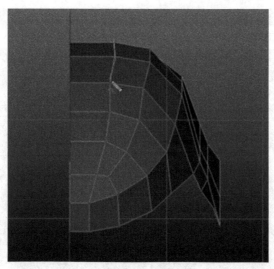

图 3-121

（9）选中模型，执行编辑命令，再选择其子菜单中的特殊复制，如图3-122所示。这时会弹出一个窗口，如图3-123所示，3个参数分辨代表X、Y、Z 3个方向，根据需求把其中一个改成-1，然后进行复制，最后结果如图3-124所示。

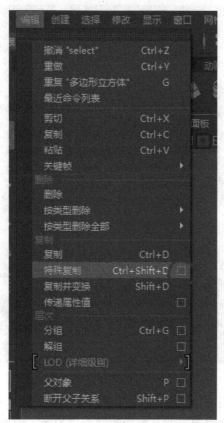

图 3-122

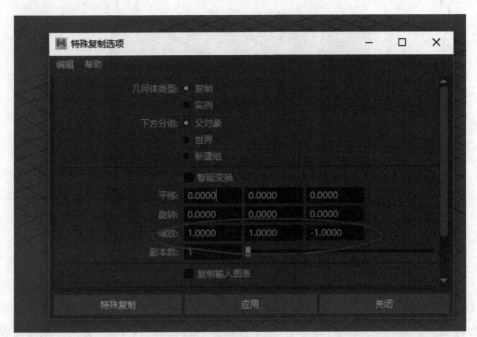

图 3-123

图 3-124

（10）现在开始做前面的护脸部分，选中前方下部的边，挤压出如图3-125所示的效果。整理线条，留出眼睛的位置，并且删除眼睛部位的面，如图3-126所示。

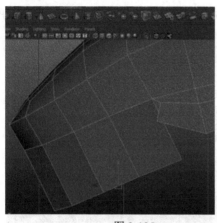

图 3-125

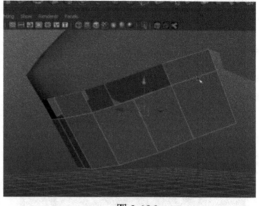

图 3-126

（11）调整脸部护甲的线条，注意应根据盔甲面部的结构布线，如图3-127所示；再根据原图把多余的面删掉，如图3-128所示。调整时注意将面部和头盔边的衔接处缝合，如图3-129所示。

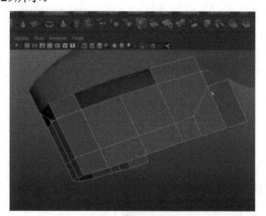

图 3-127

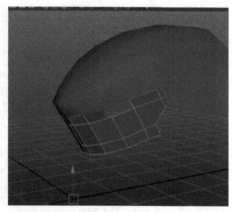

图 3-128

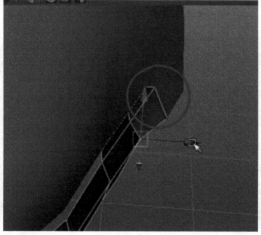

图 3-129

（12）下面制作其他部件。选择盔甲顶部的面如图3-130，复制所选取的面如图3-130所示。

图 3-130

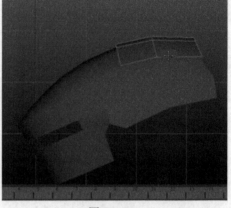
图 3-130

（13）通过复制出来的面，选取其边并挤压，把盔甲顶部的造型做出来。如图3-131和图3-132所示。

图 3-131

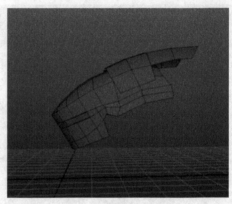
图 3-132

（14）如图3-133所示，在面部盔甲下方挤压出一条边，调整挤出的边、面的形状，如图3-134所示。

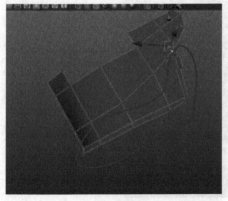
图 3-133

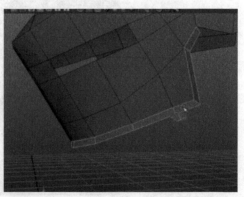
图 3-134

（15）根据参考图调整一下提取出来的边、面，如图3-135所示；再挤出一定的厚度，如图3-136所示。注意同时也要调整各个角度的形状，如图3-137所示。最后通过特殊复制，复制出另一边。

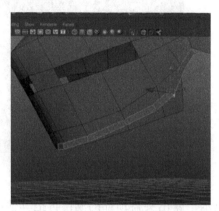

图 3-135

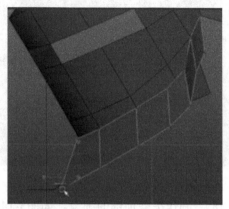

图 3-136

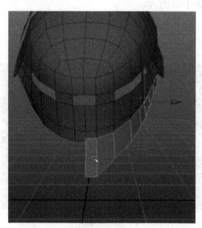

图 3-137

（16）其他面部零件大形的制作方法和前面一样，不再详细介绍。但需注意模型的布线，已在参考图上画出，如图3-138所示。

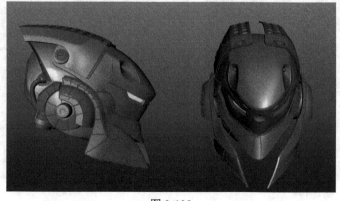

图 3-138

（17）大形已制作完成，下面制作细节，由头部开始做起。如图3-139所示，先把头顶的边、角做圆滑，并且给予保护线，如图3-140所示。

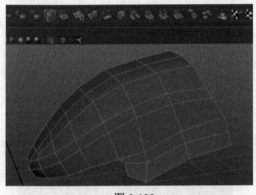

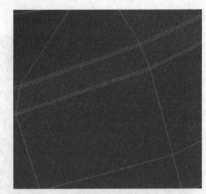

图 3-139

图 3-140

（18）制作头盔顶部的细节，如图3-141所示，露出头盔顶部的洞；再把其他细节先用线段布好，如图3-142和图3-143所示。

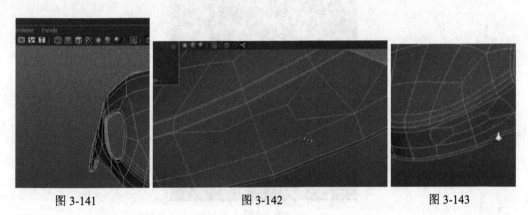

图 3-141   图 3-142   图 3-143

（19）如图3-144所示，选中已布好线段中的小面进行挤压。挤压出一定的厚度，如图3-145所示。最后给洞的周围加上保护线，如图3-146所示。

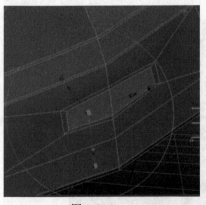

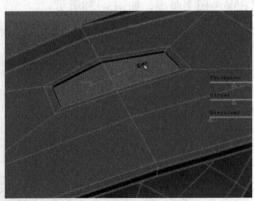

图 3-144

图 3-145

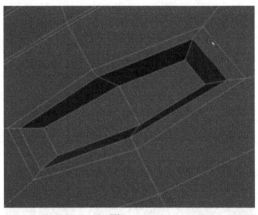

图 3-146

（20）现在做出其他部位的大形。如图3-147，在头顶用一个面片做出大形；再在面片上按照参考图挖出洞，如图3-148所示。

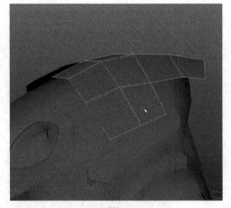

图 3-147

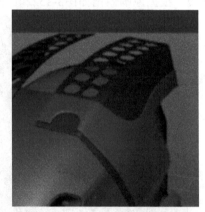

图 3-148

（21）先前做的面部结构只是简单的面片，接下来要做出厚度，如图3-149所示。选中红框内部位的边挤压出厚度，再加上保护线，如图3-150所示。最终效果如图3-151所示。

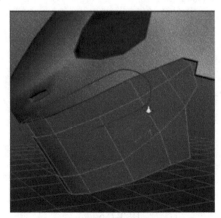

图 3-149

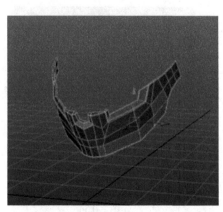

图 3-150

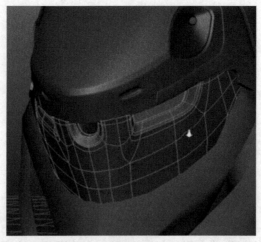

图 3-151

（22）根据原画做出如图3-152和图3-153的大形。

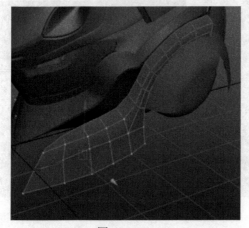

图 3-152

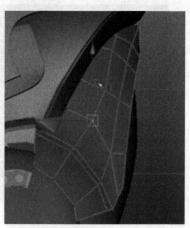

图 3-153

（23）建好大形以后，选取如图3-154所示的面，并且提取面，如图3-155所示。提取结束以后，调整大形，最后做出厚度，如图3-156所示。

图 3-154

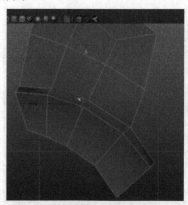

图 3-155

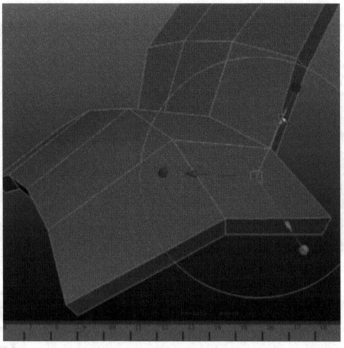

图 3-156

第 **4** 章

Maya 场景
概述

动画、影视中的场景即主体所处的环境，包括背景（内景和外景）和道具（场景中出现的物体）。场景不但是衬托主体、展现内容不可缺少的要素，更是营造气氛、增强艺术效果和感染力、吸引观众注意的有效手段。

:::::::::: 4.1 场景设计概念及任务 ::::::::::

动画、游戏和影视的场景设计是指除角色造型以外的随着时间改变而变化的一切物体的造型设计。场景一般分为内景、外景和内外结合景，如图4-1~图4-3所示。

图 4-1

图 4-2

图 4-3

　　场景是随着故事的展开，围绕在角色周围，与角色发生关系的所有景物，即角色所处的生活场所、社会环境、自然环境以及历史环境，甚至社会背景、出现的群众角色及陈设道具，都是场景设计的范围，也是场景设计要完成的设计任务。

4.2　场景的作用

　　场景在动画、游戏、影片中具有重要的作用，起着决定性的意义，而且镜头往往首先展示出来的就是场景的面貌。

1. 场景交代时空关系

　　场景应符合剧情内容，体现时代特征、历史风貌、民族文化特点，以及交代故事发生、发展的地点和时间。

2. 场景营造情绪氛围

　　根据剧本的要求，往往需要场景营造出某种特定的气氛效果和情绪基调，如图4-4所示。场景设计要从剧情出发，从角色出发。

图 4-4

3. 场景刻画角色

场景的造型功能是多方面的，主要目的是刻画角色，为创造生动、真实、性格鲜明的典型角色服务。刻画角色就是刻画角色的性格特点，反映角色的精神面貌，展现角色的心理活动。角色与场景是不可分割、相互依存的关系，是典型性格和典型环境的关系。电影《冰雪奇缘》里的场景如雪山之巅和冰雪城堡，进一步刻画了女主角艾尔莎优雅、美丽、矜持的女王特点，如图4-5所示。

图 4-5

4. 场景是动作的支点

动画影片的场景是以刻画角色、塑造角色为目的的，场景与角色动作的关系十分密切。场景是为角色动作而设置，根据角色的行为而周密设计的，它不应只起到填充画面背景的作用，而应积极、主动地与任务结合在一起，成为角色动作的支点。

5. 场景的隐喻功能

场景的隐喻功能在动画影片中很少应用，但作为场景的形式功能之一，也必须有所了解。场景隐喻，顾名思义就是一种潜移默化的视觉象征，通过造型传达出深化主题的内在含义，如图4-6所示。

图 4-6

:::::::::: 4.3 场景设计的构思方法 ::::::::::

在设计场景时，要树立整体的造型意识，对动画影片及游戏场景具有总体、统一、全面的创作观念；然后把握主题，确定基调，通过造型风格、情节节奏表现出一种感情或情绪的特征。设计时还要把握场景的造型形式，体现影片整体的形式风格，注意内容与形式的完美结合。

1. 树立整体造型意识

整体造型意识是指对动画影片及游戏场景的总体、统一、全面的创作观念。其原则是：艺术空间的整体性，影片时空的连续性，景人一体的融合性，创作意识的大众性。创作中，场景设计师要与导演等主创人员在创作意识上取得共识，这是重要的原则。在实际的工作中，创作意图的统一往往以导演意图为主，这是为使影片形成完整而别具特色的风格所必需的。

2. 把握主题，确定基调

在进行影片场景设计的时候，无疑要紧紧把握影片的主题，因为它是艺术作品的灵魂，但是如何将这种存在于意念和精神中的主体灵魂表现在视觉形象中，就要考验设计者的功力了。影片的基调就是通过造型风格、情节节奏、气氛、色彩等表现出的一种感情或情绪的特征。如图4-7所示。

图4-7

3. 探索独特恰当的造型形式

一部优秀的动画影片，应该是内容与形式的完美结合。造型形式，特别是场景的造型形式，是体现影片整体形式风格和艺术追求的重要因素。场景的造型形式直接体现出影片整体的空间结构、色彩结构、绘画风格，设计者应努力探求影片整体与局部、局部与局部之间的关系，形成影片造型形式的基本风格。

第 5 章

Maya 场景模型
制作案例

场景无论是在游戏、电影还是动画中都是十分重要的元素，很多时候一个场景的好坏甚至决定了作品的成败。场景建模的重要性不亚于角色的塑造。

:::::::::: 5.1 案例——卡通小房 ::::::::::

本节案例要制作的是一个卡通小房，根据原画场景的设定进行制作。卡通小房属于室外场景，原画场景效果如图5-1所示。

图 5-1

5.1.1 关于场景

场景是人工搭建的空间，模型相对复杂，细节较多，富有生活气息和时代感，如房间内场景、山洞内场景、隧道内场景等。如图5-2如示。

图 5-2

5.1.2 制作思路

场景模型是所有模型类别中比较复杂的部分，因为在场景中所包含的物体种类比较多，需要掌握不同的制作方法和技巧。此外，场景制作要求对构图和全局有较好把握，比例是否准确、合理，会影响整个场景的真实性。

本节案例卡通小房中的物件多为日常能见到的，包括铲子、滑板、烟囱、栅栏等，这些物体多为几何体，每一物件的制作方法并不困难，可以从基本几何体改变得到，难点是工作量比较大，需要完成整个室外摆放的物件。通过观察设定图可以发现，整个场景内有许多重复的物体和对称的物体，如窗子、栅栏，它们占据整个场景最大的部分，可以使用复制的方式快速完成。

5.1.3 制作流程

场景模型的制作流程和道具模型有所区别。在制作场景模型的过程中，首先要创建与调整摄影机，然后再创建大形。创建大形时，先要构图，定下物体的大概位置，然后再对其逐步细化。如图5-3所示。

图 5-3

（1）首先创建一个面片，在面片里导入准备好的图片。如图5-4所示。

图 5-4

（2）接下来开始建模，建模时要控制好模型的段数。先创建一个正方形，用最简单的模型来搭建房子。如图5-5所示。

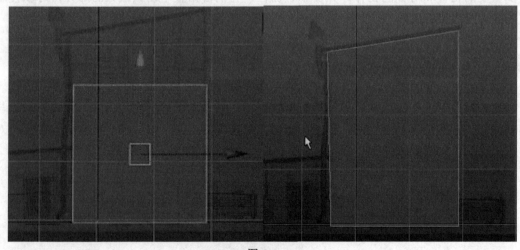

图 5-5

（3）用插入循环边工具制作房子的门和窗。如图5-6所示。

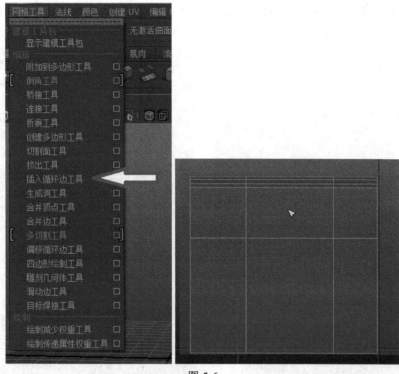

图 5-6

（4）选择窗和门，用挤压工具分别挤出来。注意需挤压两次。如图5-7所示。

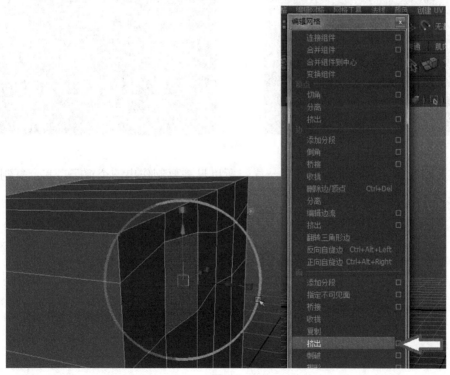

图 5-7

（5）使用多切割工具切出侧面的窗，这样可以避免不必要的线出现。同时把切出来的用于制作窗的面，用挤压工具挤出窗，如图5-8所示。

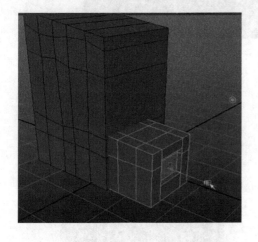

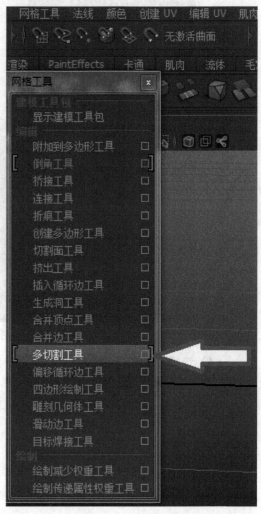

图 5-8

（6）窗子和门的边框外形几乎一样，所以只需要制作出一个窗子，其余复制即可。窗子可使用切割面工具来制作。如图5-9所示。

图 5-9

（7）用附加到多边形工具把空缺的洞补起来。如图5-10所示。

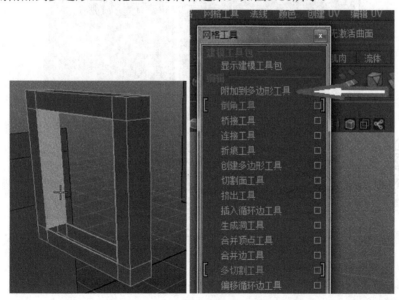

图 5-10

（8）做好一个窗后，分别复制到相对应的位置，调整一下窗和门的细节处。如图5-11所示。

图 5-11

（9）窗和门完成之后，可以从最大的部分做起，即制作屋顶。用铅笔曲线工具画出高低不平的波浪，再编辑曲线，选择平滑曲线。如图5-12所示。

图 5-12

（10）选择两条相对的曲线进行放样，做完后可以删除历史记录。只需要做一片屋顶，其余的屋顶复制即可。如图5-13所示。

图 5-13

（11）小屋的屋顶也可以通过复制完成，调整好高度即可。如图5-14所示。

图 5-14

（12）由于贴图的原因，由曲面制作出来的模型需要转成多边形，所以需要选择屋顶转成多边形。如图5-15所示。

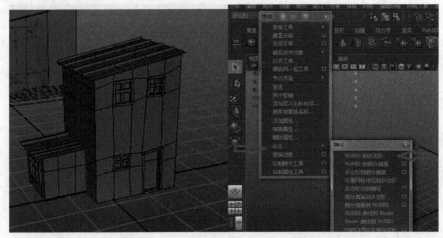

图 5-15

（13）烟囱的制作从管道开始做起，创建一个多边形柱体，段数为8段。如图5-16所示。

图 5-16

（14）找到相应的位置，对其顶端进行挤压。按G键重复上一次操作，把烟囱管道挤压成型，如图5-17所示。

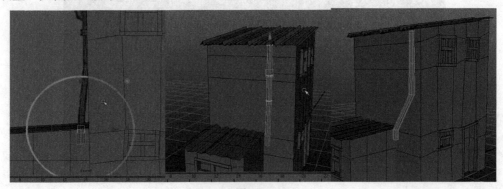

图 5-17

（15）烟囱顶部的制作选用方形。通过这个实例可以掌握多边形的控制、面数精简和优化。如图5-18所示。

图 5-18

（16）烟囱顶部不要太尖锐，可选用切角顶点命令切去尖顶。如图5-19所示。

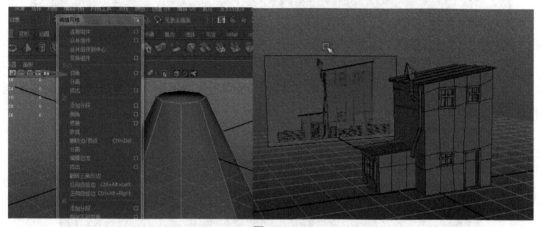

图 5-19

（17）制作栅栏时，一般做好一个，其余复制就可以了，再调整一下位置。用方形来制作栅栏，调整好两端，最好有些起伏，同时边缘倒角，使栅栏边缘不太锋利。如图5-20所示。

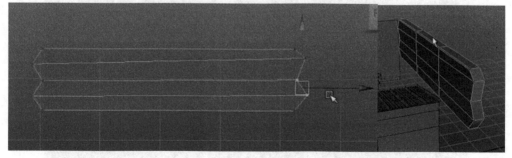

图 5-20

（18）把制作完成的栅栏全部摆放到相应的位置，同时再加上地面。如图5-21所示。

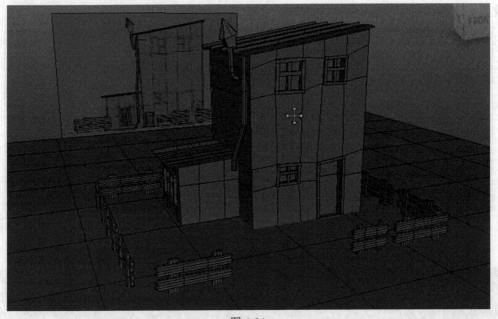

图 5-21

（19）卡通小屋大体制作完成，接下来制作细节，例如雨漏，用多边形空心圆柱来制作。如图5-22所示。

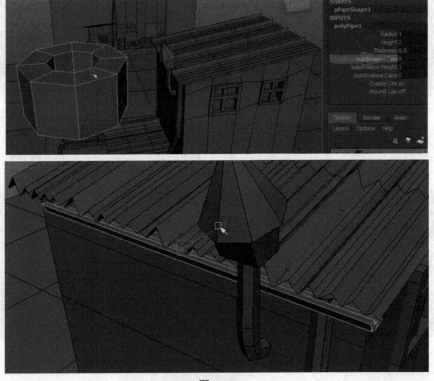

图 5-22

（20）现在制作门的部分，同时做出门框。如图5-23所示。

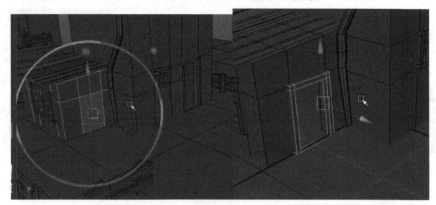

图 5-23

（21）正大门的制作方法和制作屋檐是一样的，用铅笔曲线工具画出外形，再通过放样制作完成。注意，需要把正大门转成多边形模型。如图5-24所示。

图 5-24

（22）门口踏板的制作如图5-25所示。

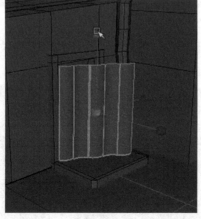

图 5-25

（23）门把手的制作如图5-26所示。

图 5-26

（24）铲子选用多边形球体制作，用晶格来调整铲子的外形。如图5-27所示。

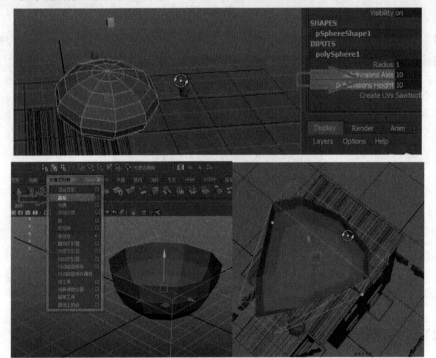

图 5-27

（25）将铲子把手挤压出一点，再把另一个多边形方形拉长，两者拼接起来，缩放后摆放到相应位置。如图5-28所示。

图 5-28

（26）接下来制作长椅，靠背的部分可以复制栅栏。如图5-29所示。

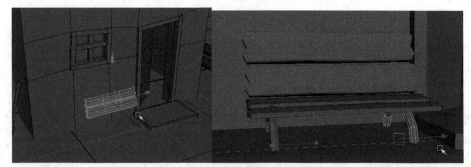

图 5-29

（27）长椅旁边木桶的制作如图5-30所示。

图 5-30

（28）滑板选用方形制作，如图5-30所示。

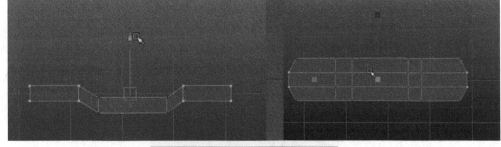

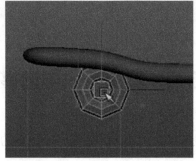

图 5-30

（29）滑板的轴选用圆柱体制作。滑板制作完成后，缩放并放到相应的位置。如图5-31所示。

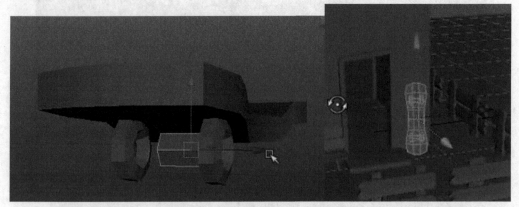

图 5-31

（30）最后，删除参考图，选中整个模型，删除历史。整个场景制作完成，如图5-32所示。

图 5-32

⸬⸬⸬⸬⸬ 5.2 案例——电话亭 ⸬⸬⸬⸬⸬

电话亭模型的制作不同于之前的小屋，它是一个单独的个体，细节处刻画较多。

5.2.1 制作流程

（1）根据场景参考图来制作电话亭，如图5-33所示。

图 5-33

（2）首先创建多边形方形，可以增加网格数量。如图5-34所示。

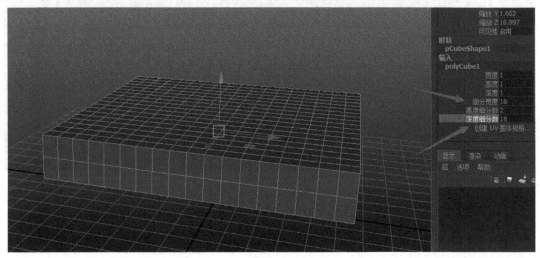

图 5-34

（3）选择模型网格显示，选择上层的所有点。如图5-35所示。

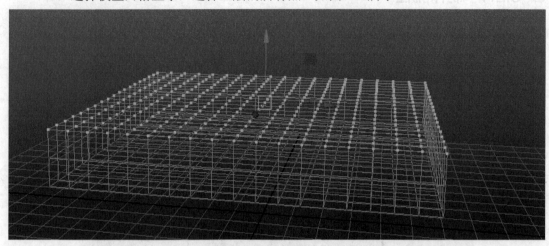

图 5-35

（4）选中模型的点时，把流程菜单栏换成"动画"，再到创建变形器里找到软修改工具。如图5-36所示。

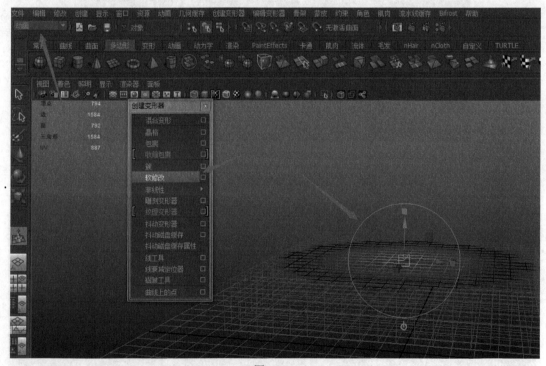

图 5-36

（5）按住键盘B键加鼠标滑轮可以扩大或缩小控制范围，如图5-37所示。

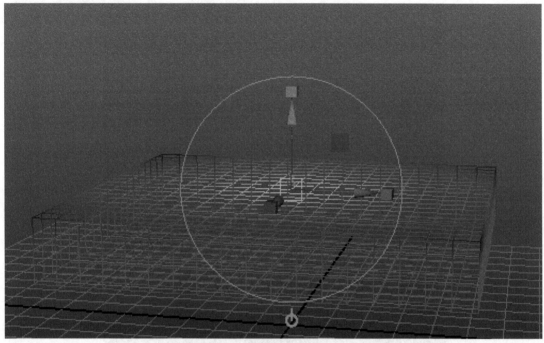

图 5-37

（6）把上层的所有点拉上去，这样可以看出有个凸形，如图5-38所示。

图 5-38

（7）选择上面那层面，用挤出命令，把面放大，可以做出电话亭的顶檐，如图5-39所示。

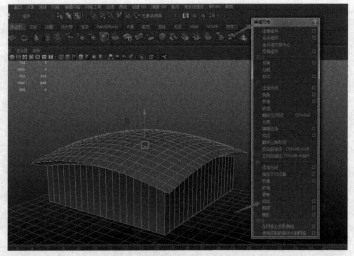

图 5-39

（8）给电话亭顶檐边缘添加一条环形线，可以让过于尖锐的檐边变厚实，如图5-40所示。

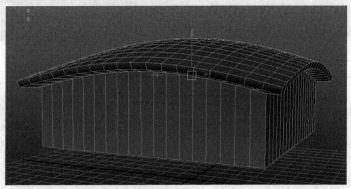

图 5-40

（9）电话亭顶檐制作完成后，制作"TELEPHONE"卡槽。同样选用多边形方形制作，选择正面的面挤压，做出厚度。如图5-41所示。

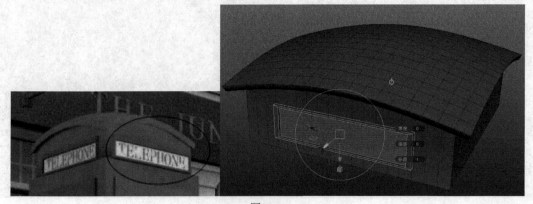

图 5-41

（10）把制作好的电话亭卡槽的中心点放到屋檐中心，用特殊复制复制出三个卡槽。如图5-42所示。

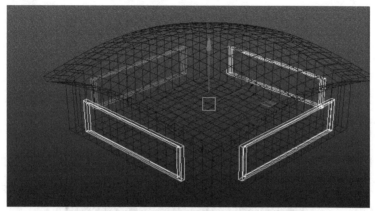

图 5-42

（11）为了和参考图看起来比较匹配，把整体颜色换成红色，如图5-43所示。

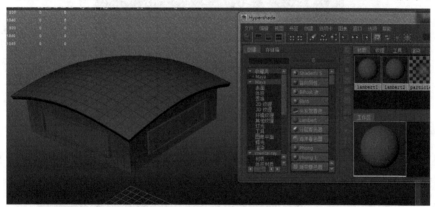

图 5-43

（12）接下来完善亭身，选用多边形方形来搭建，同时添加循环边，选择多个循环边，如图5-44所示。

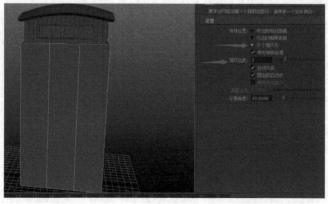

图 5-44

（13）把中间的面删除，可以得到门。同时选中整个物体，挤压出厚度。如图5-45所示。

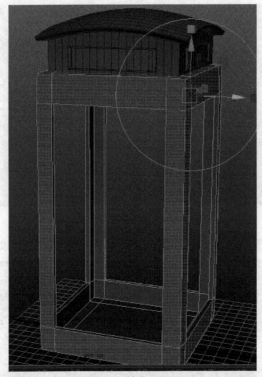

图 5-45

（14）门的做法和外框的做法一样，只是所减掉的部分需要用附加多边形工具来修补好。如图5-46所示。

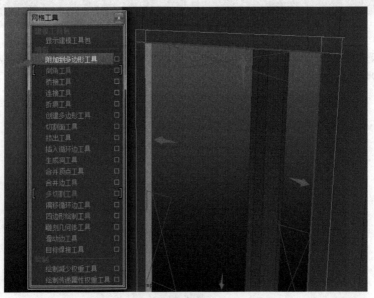

图 5-46

（15）门上细节如门框架、玻璃，也是用多边形方形来搭建的。注意所有框架需要嵌在门里面，如图5-47所示。

图 5-47

（16）玻璃用面片搭建，把不必要的线全部清除，同时使用透明材质，使玻璃看起来比较真实。如图5-48所示。

图 5-48

（17）把做好的一侧门和里面的配件一同编组，再特殊复制到另外三个门。如图5-49所示。

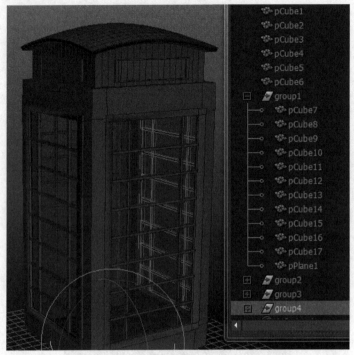

图 5-49

（18）最后完成底座，同样也是用多边形方形来制作。整理文件里所有模型并编组，如图5-50所示。

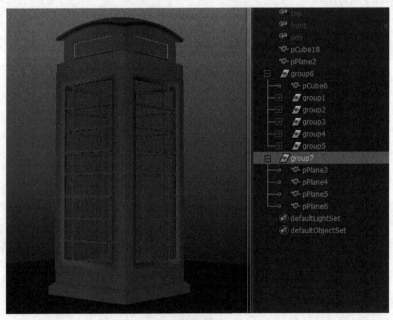

图 5-50

∷∷∷∷∷ 5.3 案例——别墅 ∷∷∷∷∷

本案例要制作的是卡通别墅，属于室外场景，根据原画场景的设定进行制作，原画场景效果如图5-51所示。

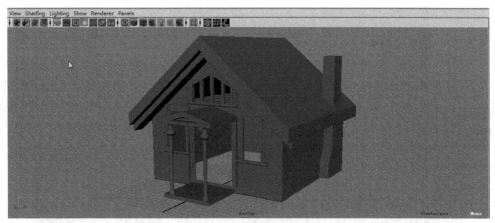

图 5-51

5.3.1 关于场景

建筑是场景的主要组成因素，也是决定场景风格、色彩、规格等的决定因素。建筑的搭建要求对整体有较好把握，细节处理对建筑风格会产生很大的影响。具体效果如图5-52所示。

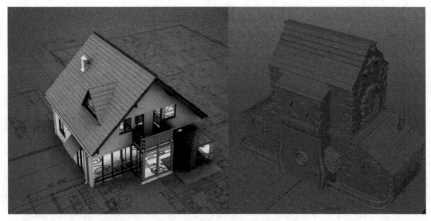

图 5-52

5.3.2 制作思路

建筑模型是场景搭建的一个关键部分，建筑在场景中所占比例很大，所以需要对建筑的整体有很好的把控。此外，建筑制作对构图和全局的把握要求比较高，比例是否准确、合理会影响整个场景的真实性。

本节案例的别墅模型偏向真实风格，模型里的物体多为几何体样式，每一物体的制作可从基本几何体改变得到，难点是工作量比较大。整个模型内有许多重复和对称的物体，如窗子、瓦片，它们占据整个建筑的大部分，可以使用复制的方式快速完成。

5.3.3 制作流程

（1）打开House模型，重新建立该模型。切换到Front View，选择菜单Create再选择其子菜单CV Curve Tool，单击CV Curve Tool Option，在CV Curve Settings下的Curve Degree选择Linear（因为房子的曲线大多是直的）。按住X键捕获到栅格，如图5-53所示。

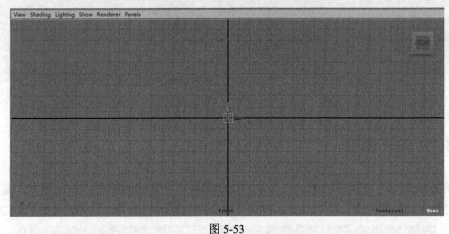

图 5-53

（2）选中曲线，单击菜单Edit Curve选取子菜单中的Open/Close Curve，将曲线封闭。接着创建门，按住X键捕获到栅格，如图5-54所示。

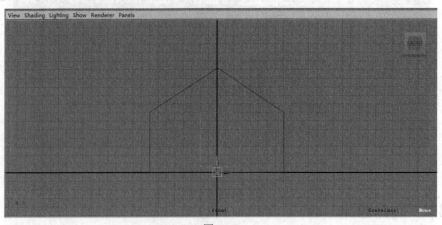

图 5-54

（3）选中门曲线，单击菜单Edit Curve，再选取子菜单Open/Close Curve，将曲线封闭。创建窗户，按住X键，画出左侧窗户，如图5-55所示。

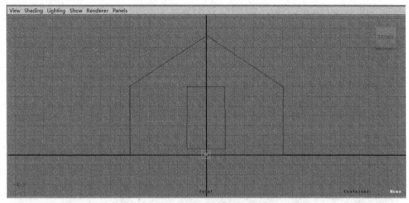

图 5-55

（4）选中窗户曲线，单击菜单Edit Curve再选取子菜单Open/Close Curve，将曲线封闭。将左侧窗户复制到右侧，单击菜单Edit再选取子菜单Duplicate Special Option，选择Scale项X为-1.000，即可复制到右侧，如图5-56所示。

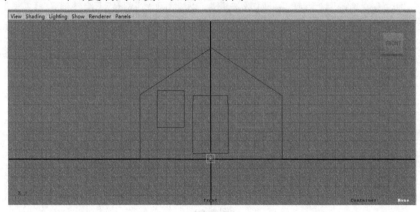

图 5-56

（5）创建阁楼的窗户，按X键画出阁楼窗户（内部空间不够时，可拉高屋顶），如图5-57所示。

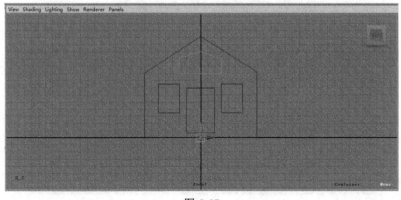

图 5-57

（6）选中阁楼曲线，单击菜单Edit Curve再选取子菜单Open/Close Curve，将阁楼曲线封闭。回到透视图Perspective View，如图5-58所示。

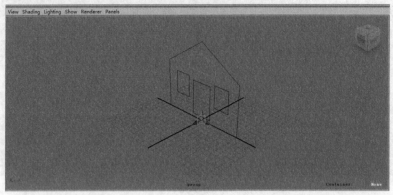

图 5-58

（7）如图5-59所示，选中整个曲线，在通道盒中单击Create a new layer按钮 产生层1（layer 1），单击右键选择add selected object.，将曲面放在layer 1。

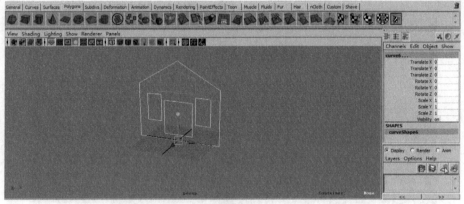

图 5-59

（8）选中曲线，单击菜单Surface再选取子菜单Planar，产生曲面。再按5键，产生光滑材质的曲面。如图5-60所示。

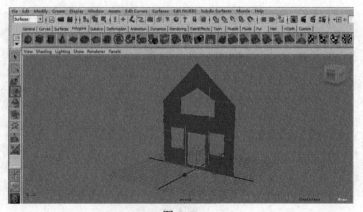

图 5-60

（9）将layer1（层1）前的v勾去，选中整个曲面，在通道盒中单击Create a new layer按钮，产生layer 2（层2），单击右键选择add selected object，将曲面放在layer 2（注意layer1前的v必须勾去，v表示可见visible）。单击菜单Edit再选取子菜单Delete by Type 再选二级子菜单History，删除历史。勾去layer 2前的v，使layer 2不可见。单击layer 1，显示出房屋曲线。不选门和两个窗户，选中曲线其他部分，单击菜单Surfaces选择子菜单Planar, 再按5键生成另一个曲面。如图5-61所示。

图 5-61

（10）按W键，将该曲面移至另一地方，如图5-62所示。

图 5-62

（11）选中后面那个曲面，删除它的历史，并将其添加到层2（layer 2），如图5-63所示。

图 5-63

（12）隐藏层1（layer 1），使其不可见。选中前面的曲面，按右键在浮动菜单中选择Trim Edge，选中一条剪切边，按Shift键选中另一个曲面上的剪切边，如图5-64所示。

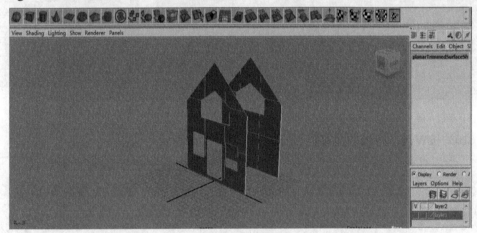

图 5-64

（13）单击菜单Surfaces再选取子菜单Loft（放样），如图5-65所示。

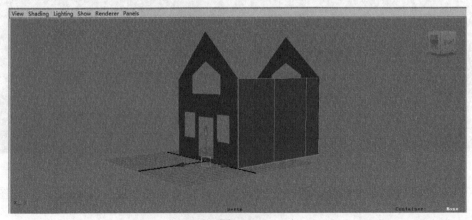

图 5-65

（14）另一面重复（12）和（13）的操作方法（技巧：可按G键执行上一次的命令），如图5-66所示。

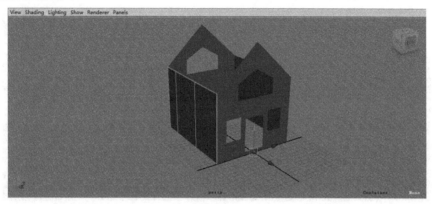

图 5-66

（15）屋顶上的面也重复（12）和（13）的操作方法，如图5-67和图5-68所示。

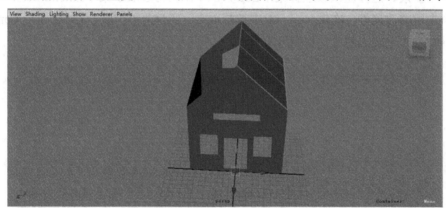

图 5-67

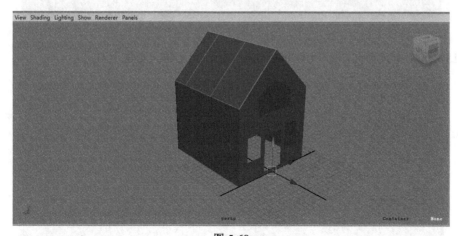

图 5-68

（16）将屋顶的两个曲面合并，单击Edit NUERBUS，再选取子菜单Attach Surface，注意要在Attach Surface Option中选择Attach method为connect，而不是blend，同时取消keep original选项。如图5-69所示。

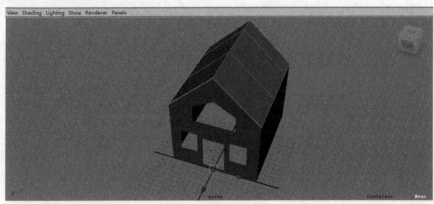

图 5-69

（17）扩展、延伸屋顶，选择菜单Edit NUERBUS再选取子菜单Extend Surface，同时在通道盒中可修改属性。在Extend side中选择both，变为两端扩展。在end direction中选择both，distance可选较大的值，如图5-70所示。

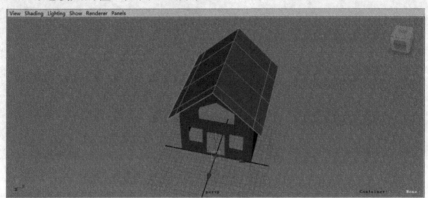

图 5-70

（18）选中屋顶曲面，按Ctrl+D键，复制屋顶向上移。如图5-71所示。

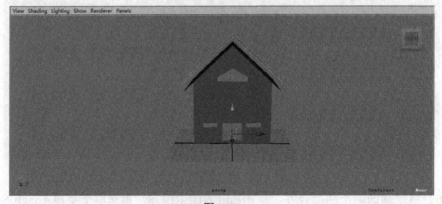

图 5-71

（19）选中一个屋顶，单击右键，在浮动菜单中选择等高线（Isoparm）；选中另一个屋顶，单击右键，在浮动菜单中选择等高线（Isoparm），单击菜单Surfaces再选取子菜单Loft，将屋顶的一边连接起来，如图5-72所示。

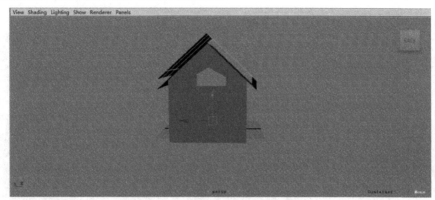

图 5-72

（20）其他屋檐的连接方法相同，如图5-73所示。

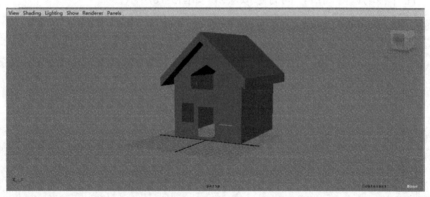

图 5-73

（21）选中整个房子，单击Edit命令下Delete by Type下面的History删除历史。将其加在层2（layer 2），如图5-74所示。

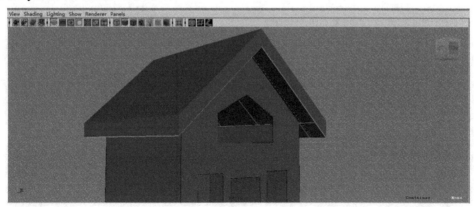

图 5-74

（22）选择屋檐内部的等高线，单击菜单Edit Curves命令下Duplicate Surface Curves复制出一条曲线。单击菜单Modify命令下Center Pivot 将坐标点置中，按Ctrl+D键复制一条曲线，再按W键，如图5-75所示。

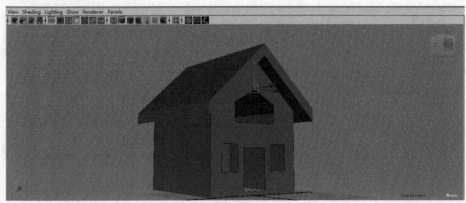

图 5-75

（23）向外移动该等高线，同时隐藏层2，如图5-76所示。

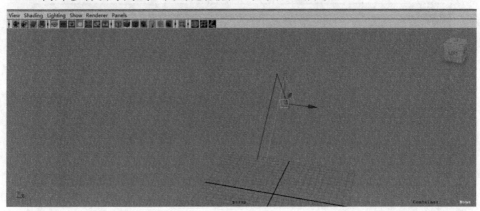

图 5-76

（24）选中这两条曲线，按Ctrl+D键复制一份，向下拖动，如图5-77所示。

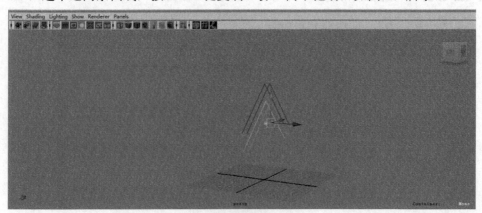

图 5-77

（25）注意要使里面的曲线在一个平面上，外面的曲线也在一个平面上，如图5-78所示。

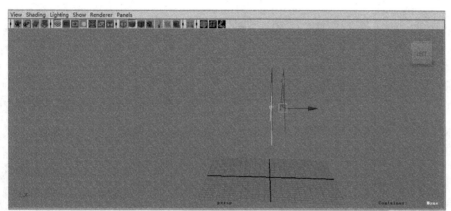

图 5-78

（26）显示层2，将曲线移至屋檐下方，如图5-79所示。

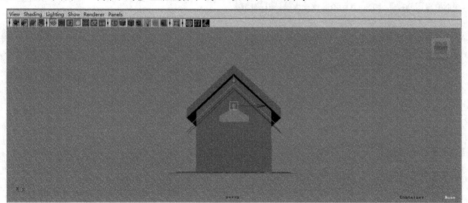

图 5-79

（27）再隐去层2，选择外面两条曲线进行放样（选择菜单Surfaces，再选择子菜单Loft），如图5-80所示。

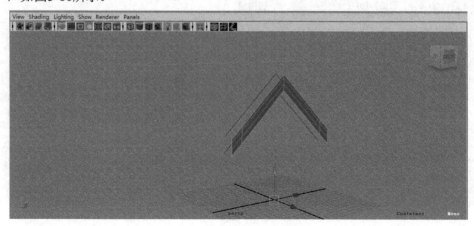

图 5-80

（28）选择下面两条曲线进行放样（选择菜单Surfaces命令下Loft），如图5-81和图5-82所示。

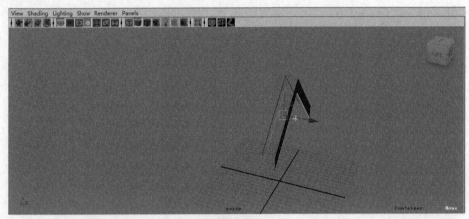

图 5-81

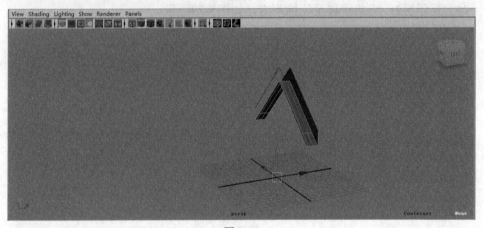

图 5-82

（29）选中里面的两条曲线，如图5-83所示。

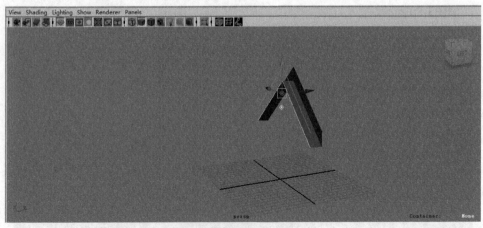

图 5-83

（30）选择菜单Surfaces命令下Loft进行放样，如图5-84所示。

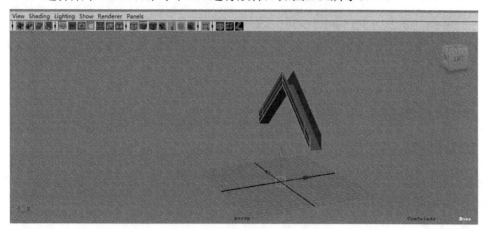

图 5-84

（31）选中边上的两条线，如图5-85所示。

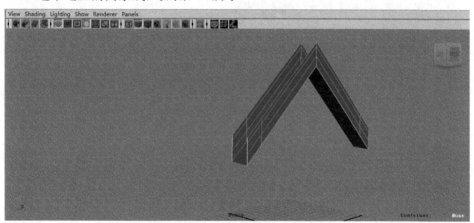

图 5-85

（32）选择菜单Surfaces命令下Loft进行放样，如图5-86所示。

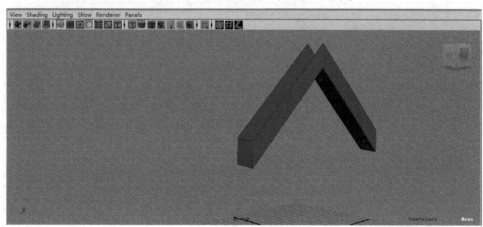

图 5-86

（33）同样，将另两条边封闭。如图5-87所示。

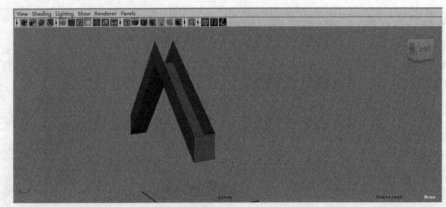

图 5-87

（34）显示层2，如图5-88所示。

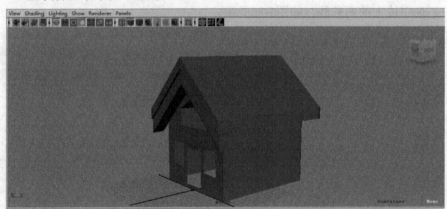

图 5-88

（35）下面给屋顶设置横梁。创建多边形立方体，单击菜单Create命令选择Polygon Primitives下面的Cube，按R键将立方体进行缩放，切换到front view，如图5-89所示。

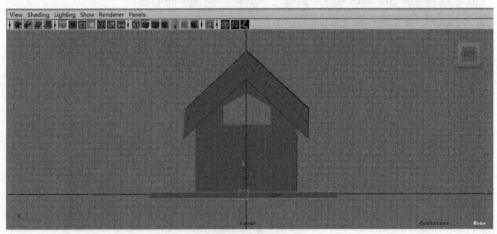

图 5-89

（36）将横梁向上移动至屋顶适当位置，按4键显示线框图。如图5-90所示。

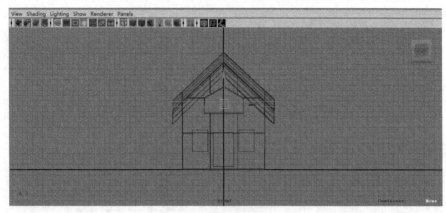

图 5-90

（37）缩短横梁的长度，修改其形状。选中横梁，单击右键，在浮动菜单中选择Vertex，如图5-91所示。

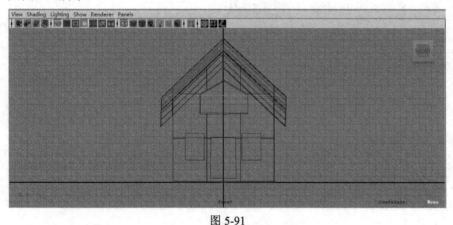

图 5-91

（38）选中右上的顶点向左倾斜，使横梁的边与屋檐平行，如图5-92所示。

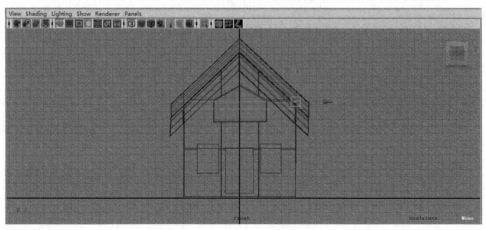

图 5-92

（39）同样，变形横梁的左边缘，如图5-93所示。

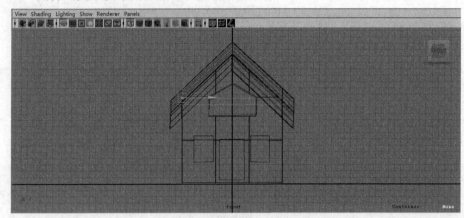

图 5-93

（40）返回perspective view，按5键显示实体，如图5-94所示。

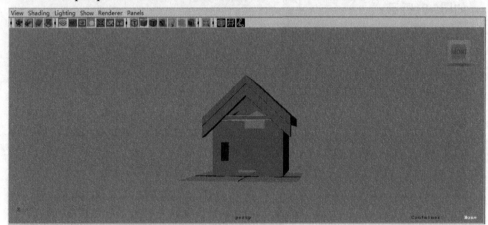

图 5-94

（41）选中横梁，单击右键选择Object model，按E键将横梁移出来，如图5-95所示。

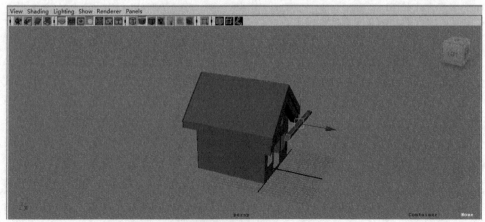

图 5-95

（42）将横梁移入屋顶，如图5-96所示。

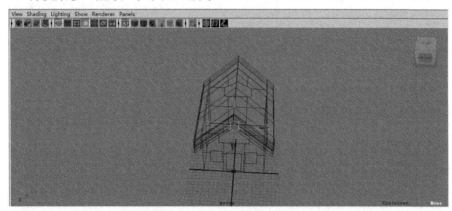

图 5-96

（43）切换到侧面，选中横梁，如图5-97所示。

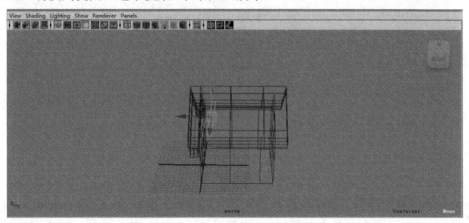

图 5-97

（44）选择菜单Edit命令下Duplicate with Transform，移动横梁直接复制出另一根横梁，如图5-98所示。

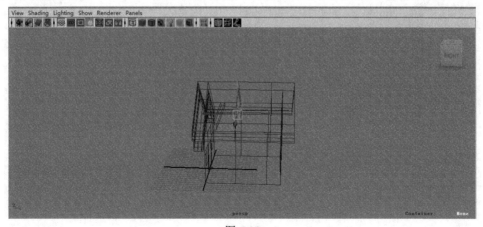

图 5-98

（45）然后按Shift+D键，可依次产生多个横梁。如图5-99所示。

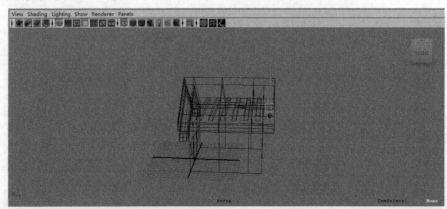

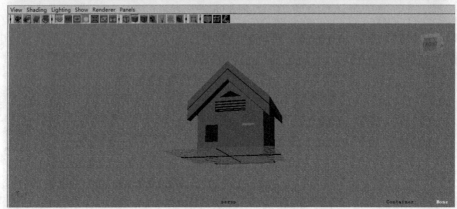

图 5-99

（46）选中整个模型，删除它的历史（执行Edit命令下Delete Type，选择History）。加入到层2中（在通道盒中单击右键层2，选择Add Selected Objects），隐去层2，显示层1。使用CV曲线工具（Create命令下选择CV Curves Tool）画一条曲线，按X键捕获到栅格，如图5-60所示。

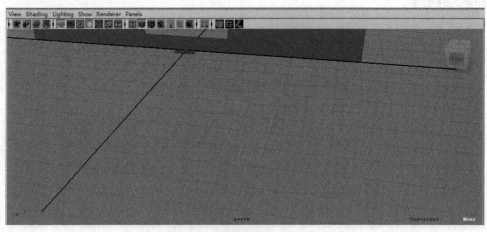

图 5-60

（47）按W键，显示该曲线的坐标，选择菜单Modify命令下Center Pivot，将该曲线坐标居中，如图5-61所示。

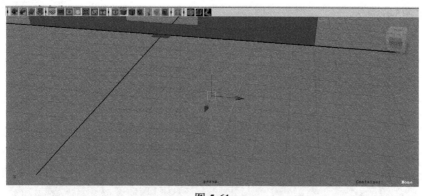

图 5-61

（48）选中该曲线，在浮动菜单中选择Control Vertex，修改曲线的形状。如图5-62所示。

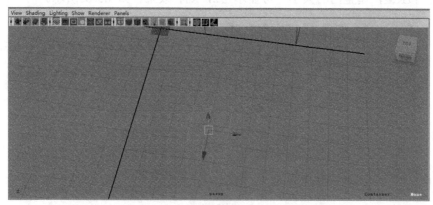

图 5-62

（49）按R键进行缩放，使曲线缩小一些。选中门，单击右键，在浮动菜单中选择Edit Point，再选中下面的一条边，选择菜单Edit Curve命令下的Detach Curves，将其打断，选中下边，按Delete键删除。如图5-63所示。

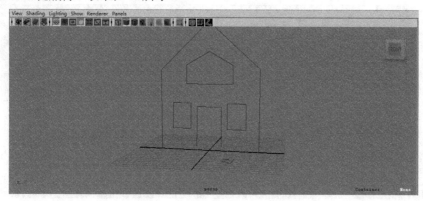

图 5-63

（50）选中曲线和门，选择菜单Surface命令下Extrude Option，在style项中选择Tube，Result Position项中选择At Path，Pivot项中选择Component，Orientation项中选择profile normal，如图5-64所示。

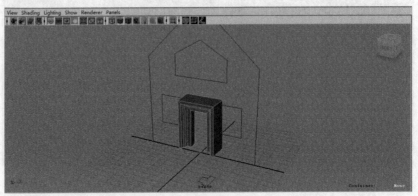

图 5-64

（51）按R键，调整门的大小。可显示层2，观看效果。如图5-65所示。

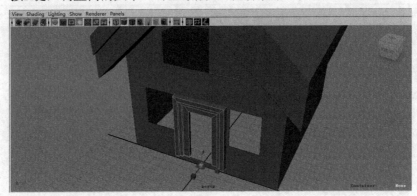

图 5-65

（52）选中门，将其加入到层2中，同时将其历史删除。关闭层2的显示。挤压窗户：首先选中窗户，单击右键，在浮动菜单中选择Edit Point，再选中下面的一条边，选择菜单Edit Curve命令下Detach Curves，将其打断，选中下边，按Delete键删除。如图5-66所示。

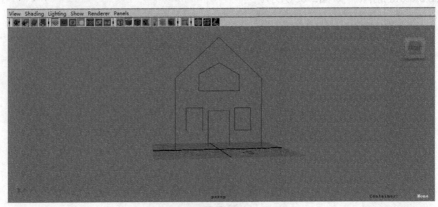

图 5-66

（53）选中轮廓线和窗户，选择菜单Surface命令下Extrude，如图5-67所示。

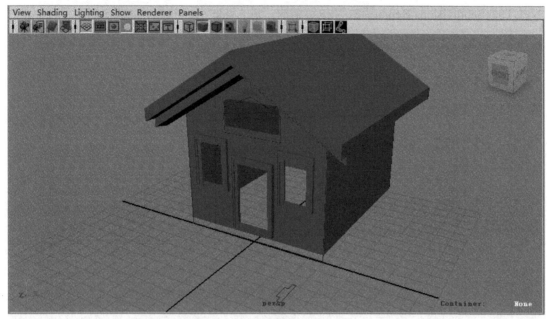

图 5-67

（54）选中整个模型，删除其历史。加入到层2中（添加时层1隐去即勾去V）。对阁楼的天窗一样处理，如图5-68所示。

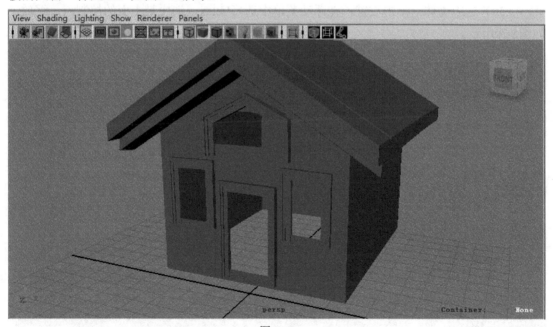

图 5-68

（55）下面创建窗台，选择Create命令中Polygon Primitives下面的Cube，将通道盒中INPUTS取Subdivisions Height为3，按R键缩放，进入side view视图。如图5-69所示。

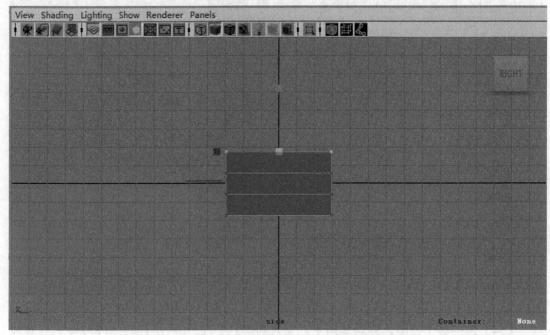

图 5-69

（56）选中物体，单击右键，在浮动菜单中选择Vetex，选中最上面的控制点，缩放。如图5-70所示。

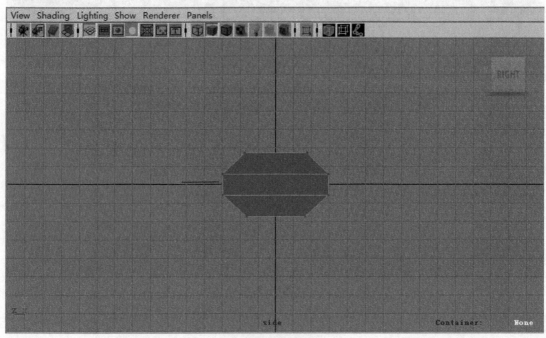

图 5-70

（57）回到perspective view，缩放，使其角度偏些。如图5-71所示。

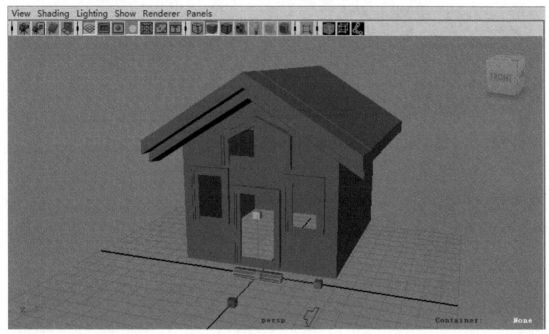

图 5-71

（58）将柱体放到窗台上，如图5-72所示。

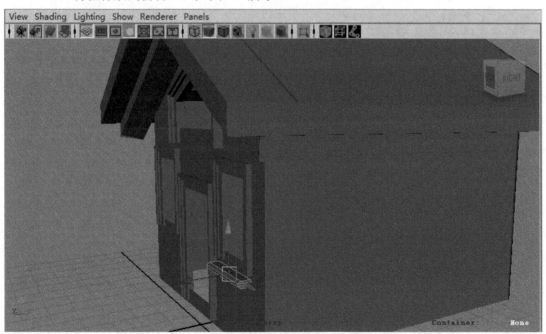

图 5-72

（59）然后按Ctrl+D键复制出一个窗台，移至另一个窗台，如图5-73所示。

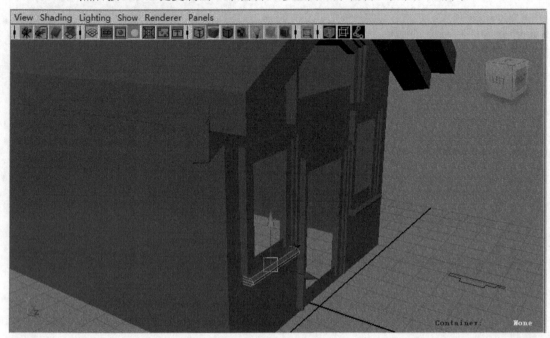

图 5-73

（60）再复制一份，移至阁楼，如图5-74所示。

图 5-74

（61）隐去层2，将刚画的窗台加入层2以下，画出门顶后进入front view，如图5-75所示。

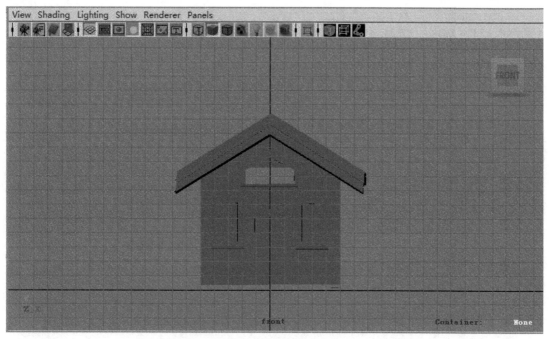

图 5-75

（62）按4键转为线框图，按X键（捕获到栅格）画出门顶的曲线，如图5-76所示。

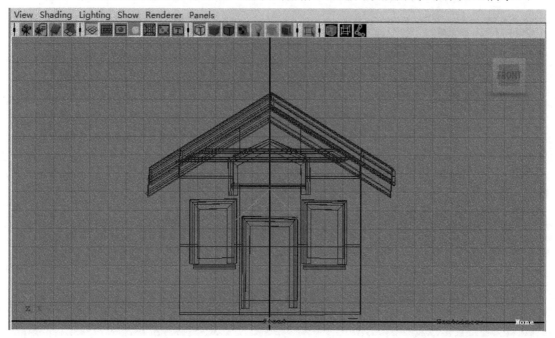

图 5-76

（63）回到透视图Perspective View。按W键，选择Modify命令下Center Pivot，将坐标居中，按Ctrl+D键复制，将坐标移出来。如图5-77所示。

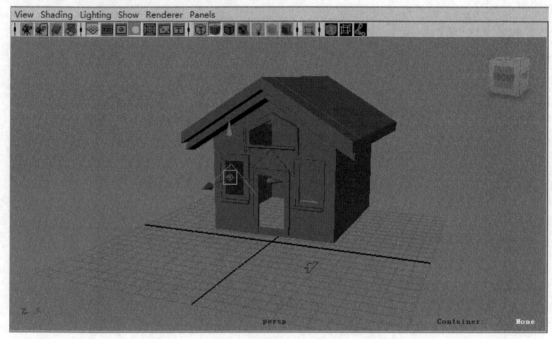

图 5-77

（64）选中刚生成的曲线，选择菜单Surface命令下Loft放样，如图5-78所示。

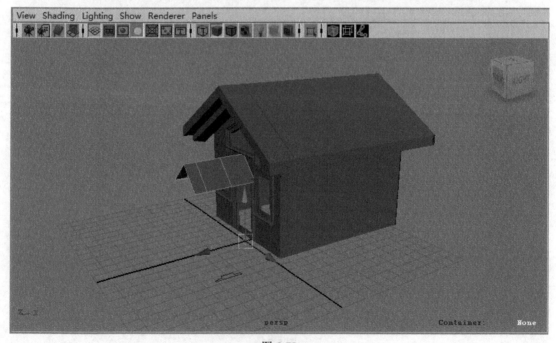

图 5-78

（65）再复制一份曲面，按Ctrl+D键并向上移，如图5-79所示。

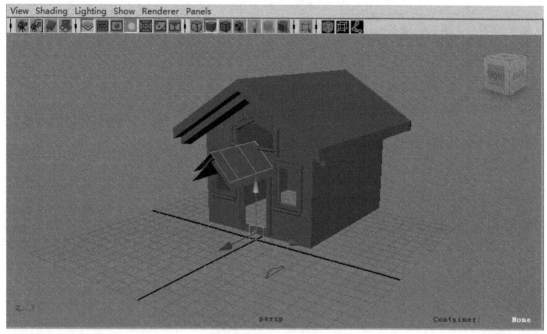

图 5-79

（66）跟屋顶的操作一样，将门顶封闭。如图5-80所示。

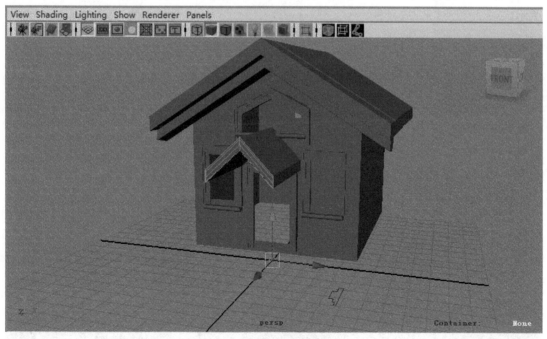

图 5-80

（67）创建立方体，选择Create命令下Polygon Primitives下的Cube，如图5-81所示。

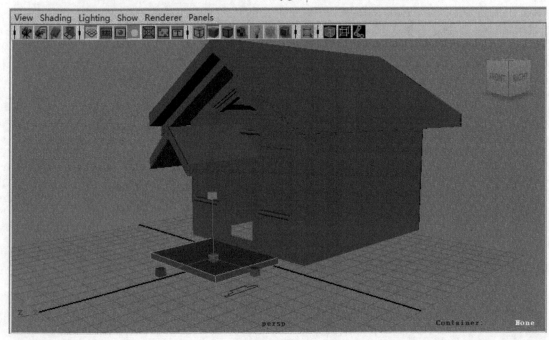

图 5-81

（68）再创建一个立方体，选择Create命令下Polygon Primitives下的Cube，如图5-82所示。

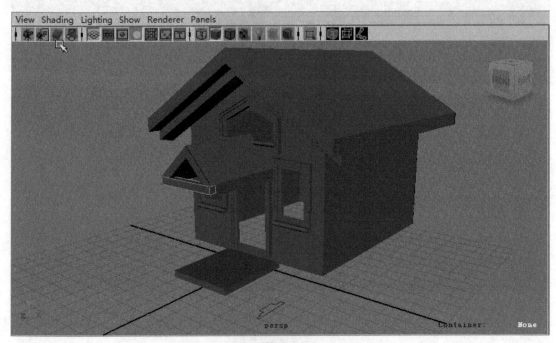

图 5-82

（69）跟横梁的做法一样。按4键进入线框图，同上面横梁一样，在front view视图中修改柱子的边缘。如图5-83和图5-84所示。

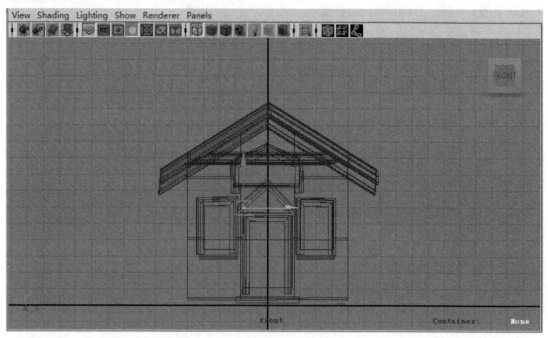

图 5-83

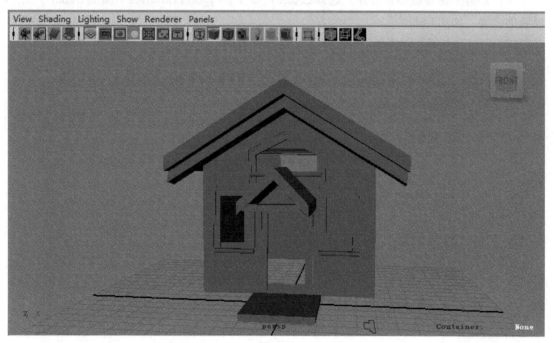

图 5-84

（70）按Shift+D键复制，可多次进行。如图5-85所示。

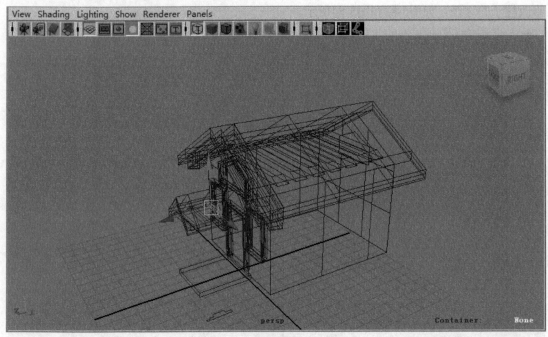

图 5-85

（71）再创建多边形立方体，选择Create命令下Polygon Primitives下面的Cube，产生两根竖的横梁。如图5-86所示。

图 5-86

（72）隐去层2，如图5-87所示。

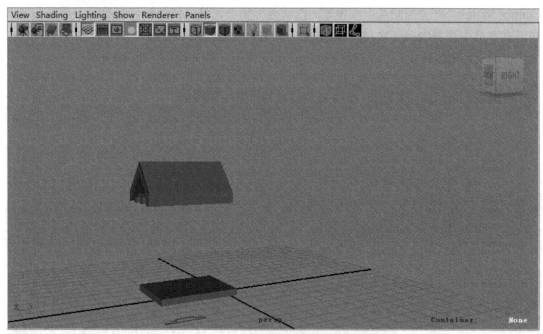

图 5-87

（73）建两根柱子将缘梁顶住，切换到侧视图（side view），使用曲线工具，在菜单Create命令下CV Curve Tool设置框中将Curve degree改为3 cubic，如图5-88所示。

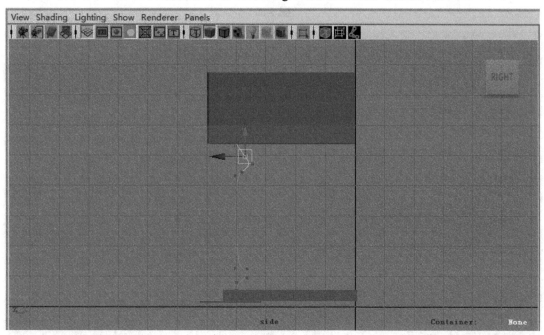

图 5-88

（74）画曲线时，按住Shift键可画直线。在曲线上单击右键，在浮动菜单中选择Control Vertex，产生控制点。按W键，拖动坐标轴可调整曲线形状。在曲线上单击右键，在浮动菜单中选择Object Mode，退出控制点编辑状态。按Insert键，将坐标系中心点放在曲线前面（决定旋转中心），切换到perspective view，如图5-89和图5-90所示。

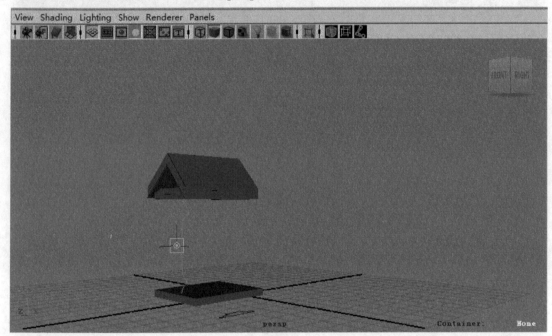

图 5-89

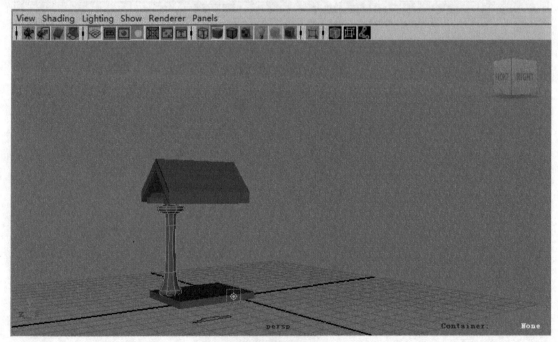

图 5-90

（75）再按Insert键，将场景圆心换为圆柱的坐标轴。移动圆柱使之支撑屋顶，如图5-91所示。

图 5-91

（76）缩放圆柱旁边的曲线可缩放圆柱的大小，如图5-92所示。

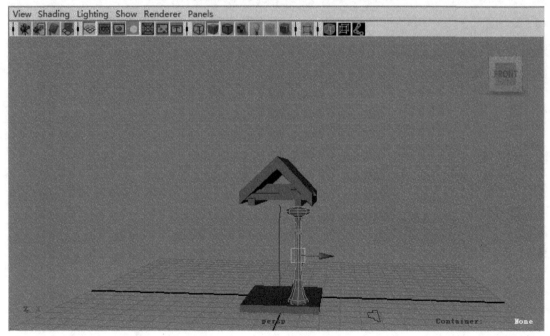

图 5-92

（77）按Ctrl+D键复制一个圆柱，移至适当位置即可，如图5-93所示。

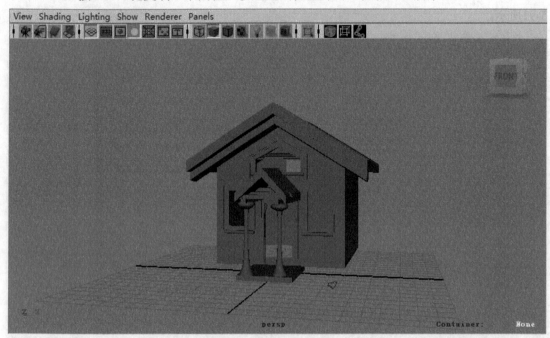

图 5-93

（78）选中中间柱子的控制曲线，将其添加到Layer1，如图5-94所示。

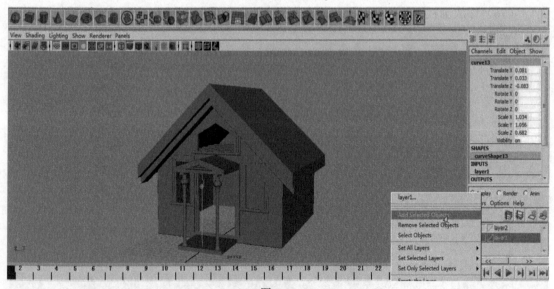

图 5-94

（79）选择菜单Create命令下Polygon Primitives下面的Cube，将产生的立方块放置在阁楼中间。如图5-95所示。

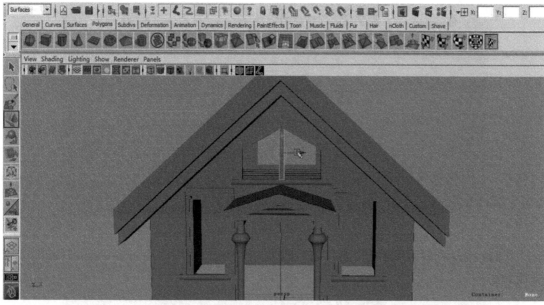

图 5-95

（80）按Ctrl+D键复制两个立方块，放置在左右两侧。如图5-96所示。

图 5-96

（81）最后做烟囱。选择菜单Create命令下Polygon Primitives下面的Cube产生立方块，按R键进行放大，如图5-97所示。

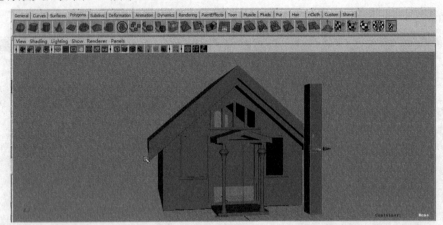

图 5-97

（82）将烟囱移至屋子的一角。选中烟囱，在属性面板中设置Subdivision Height=8，如图5-98所示。

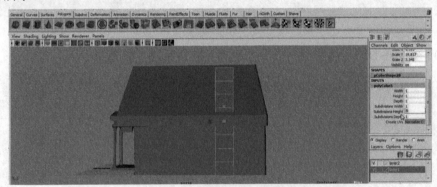

图 5-98

（83）选中烟囱后单击右键，在浮动菜单上选择Vertex，选中最下面四个点，按R键向左拖动，使烟囱下面变大。如图5-99和图5-100所示。

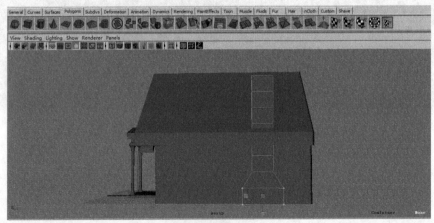

图 5-99

图 5-100

（84）选中烟囱后单击右键，在浮动菜单上选择Object Mode，退出控制点编辑形态，如图5-101所示。

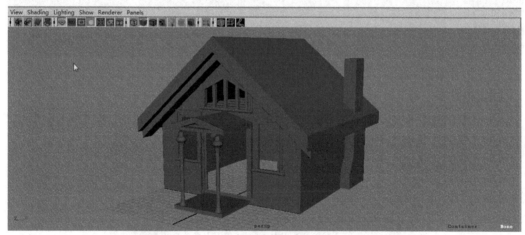

图 5-101

5.4　案例——尖顶小屋

　　本节案例要制作的是一个尖顶小屋，属于室外场景，是根据原画场景的设定进行制作的，原画场景效果如图5-102所示。

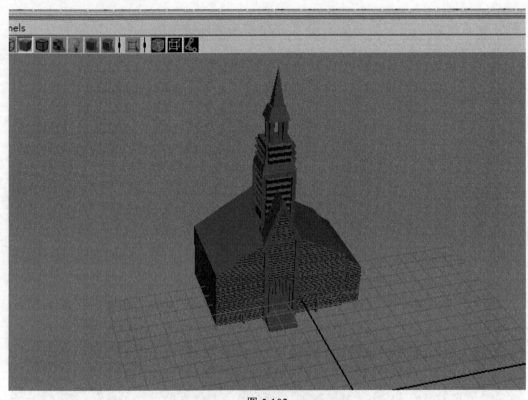

图 5-102

制作流程

（1）在Maya界面中选择项目面板，把面板中的选项改为Polygons，如图5-103所示。

图 5-103

首先建立Polygons长方体，现在的模型线段太少，不大利于制作细节，所以给建立的多边形加一些线，执行Edit Mesh指令，选中子菜单中的Insert Edge Loop Tool，如图5-104所示。

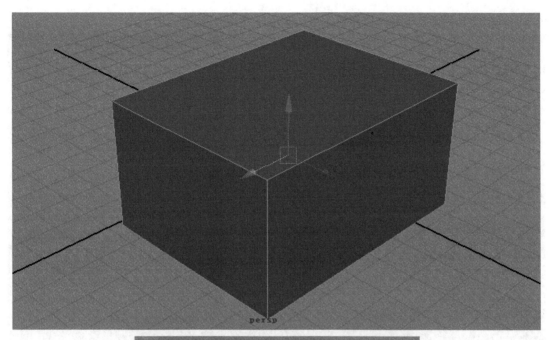

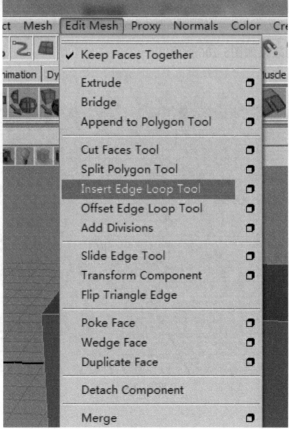

图 5-104

（2）在模型中运用插入环形线工具，加入一条线。如图5-105所示。

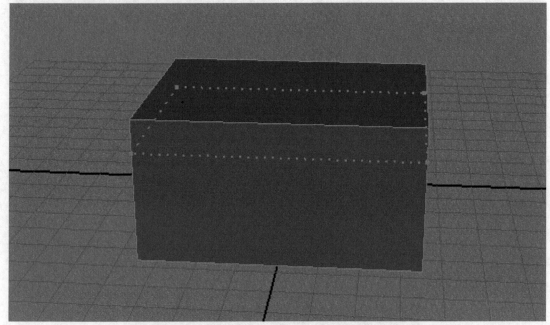

图 5-105

（3）加线之后的效果如图5-106所示。

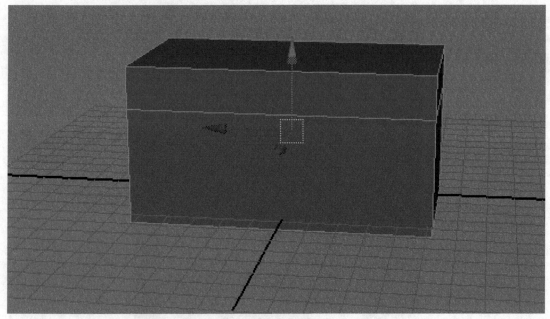

图 5-106

（4）如图5-107所示，把模型切换成点的模式，需要在点的模式下进行操作。

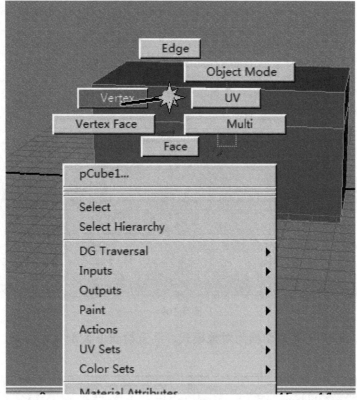

图 5-107

（5）选择模型上方四边的四个点进行编辑，如图5-108所示。

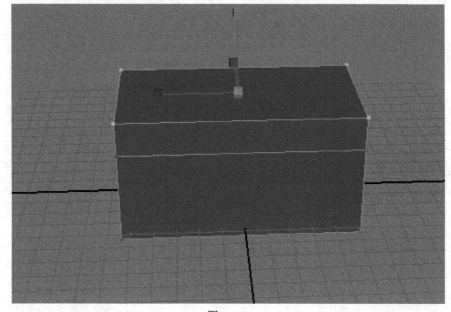

图 5-108

（6）把四个点收缩到中间，如图5-109所示，这样做出屋顶的大形。

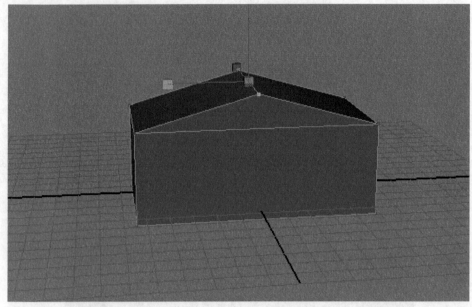

图 5-109

（7）完成以后再把模型切换为对象模式，注意检查下大形有无问题，最后效果如图5-110所示。

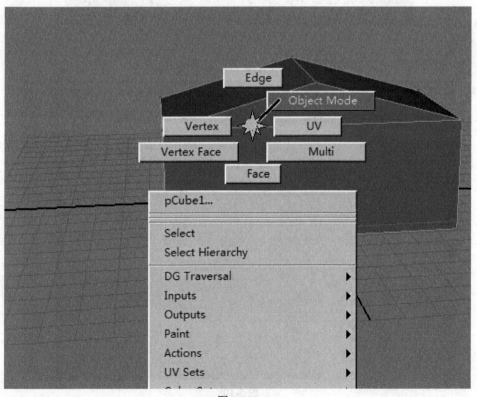

图 5-110

（8）把模型切换为面的模式，接下来需要在面的模式下进行操作，如图5-111所示。

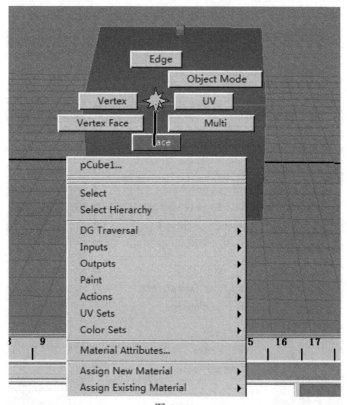

图 5-111

（9）选取模型侧边的面，如图5-112所示。

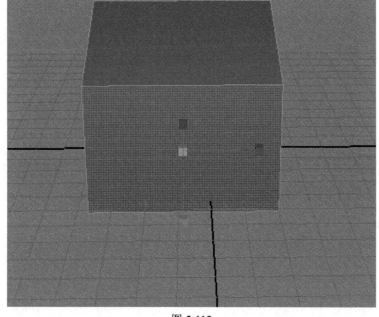

图 5-112

（10）选择Edit Mesh命令下Extrude（挤出）选项，对选中的面进行挤出，如图5-113所示。

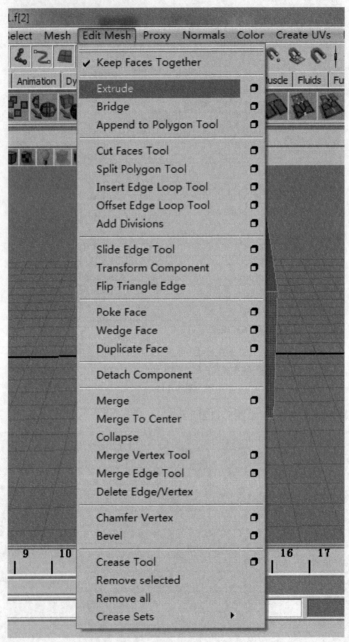

图 5-113

（11）缩小并挤出刚才选中的面，执行完成后的效果如图5-114所示。

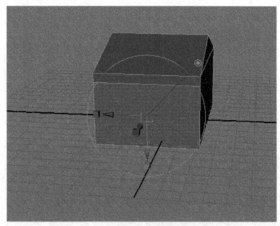

图 5-114

（12）在刚才挤出完成后的模型上再次执行挤出命令，指令位置如图5-115所示。

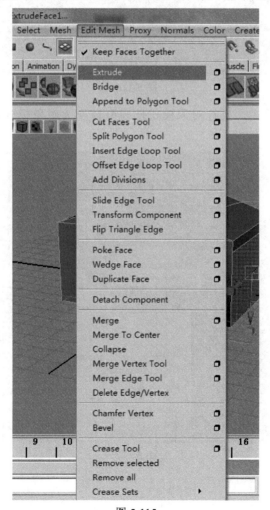

图 5-115

（13）执行完成后挤出所选的面，效果如图5-116所示。

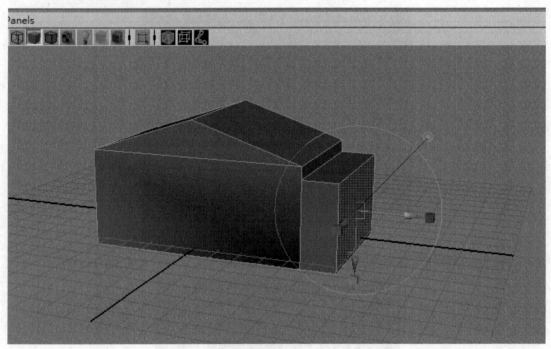

图 5-116

（14）结束面的模式，执行对象模式把模型转换为对象模式，指令位置如图5-117所示。

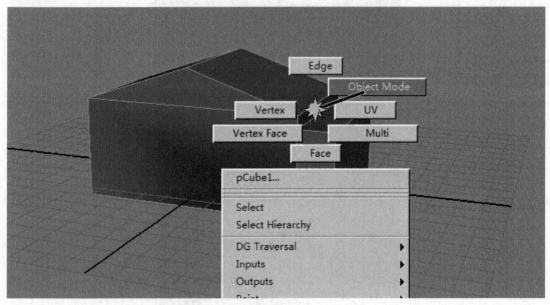

图 5-117

（15）检查下模型有无错误，再把模型切换成点的模式，进入点模式，如图5-118所示。

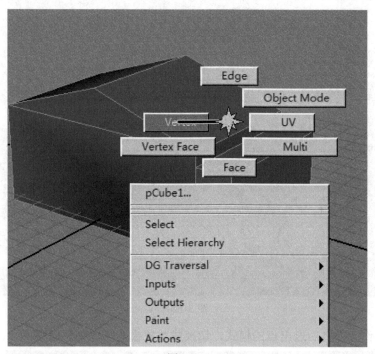

图 5-118

（16）选择模型之前挤压出来部分上方的两个点，具体如图5-119所示。

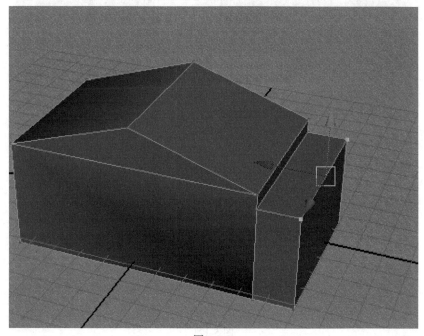

图 5-119

（17）把选中的点向下移动，做出坡度，如图5-120所示。

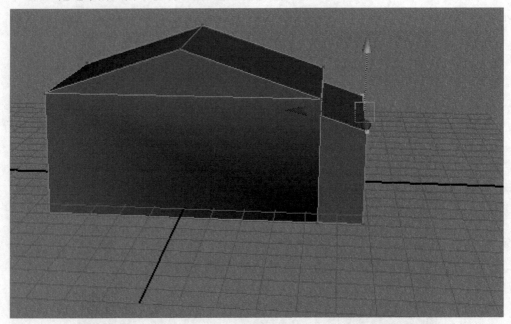

图 5-120

（18）操作完成之后退出点的模式，切换成对象模式，如图5-121所示。

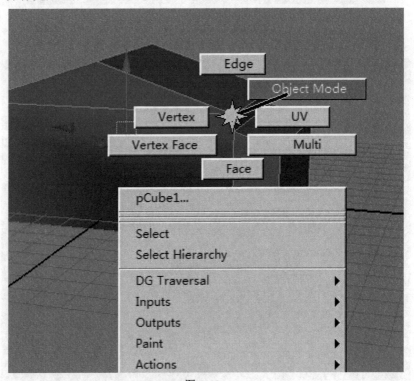

图 5-121

（19）再另外创建一个polygons长方体，如图5-122所示。

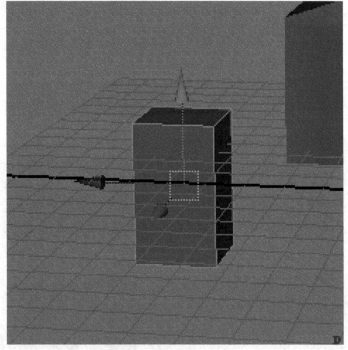

图 5-122

（20）调整方块的大小，并且放置到我们想要的位置，如图5-123所示。

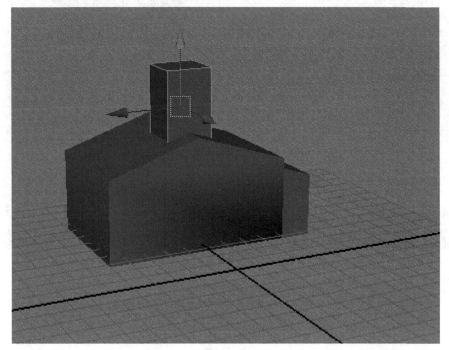

图 5-123

（21）在新建的polygons长方体上加线，如图5-124所示。

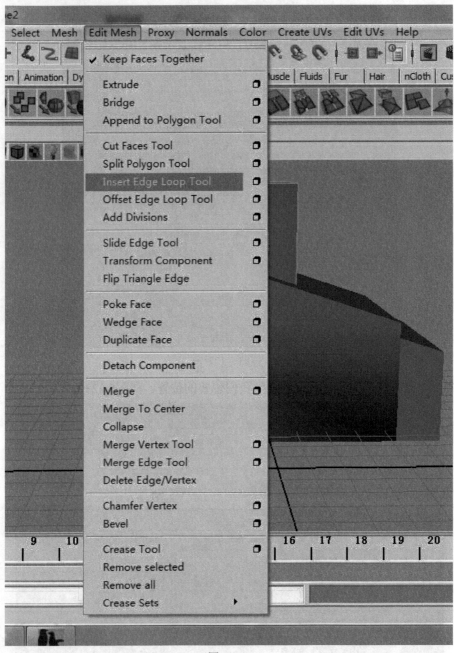

图 5-124

（22）加线完成以后的效果如图5-125所示。

图 5-125

（23）再把模型切换到面的模式，如图5-126所示。

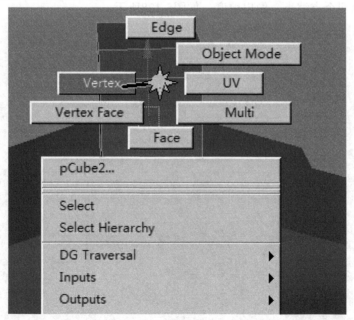

图 5-126

（24）选择最上方的四个点，如图5-127所示。

图 5-127

（25）把这四个点缩小，做出坡度，如图5-128所示。

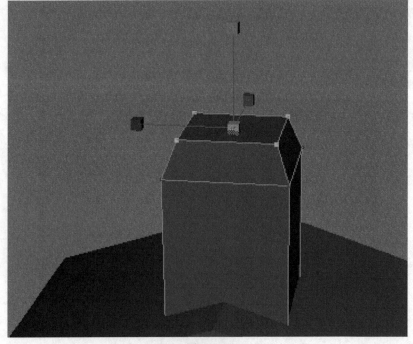

图 5-128

（26）再把选中的模型从点的模式切换成对象模式，如图5-129所示。

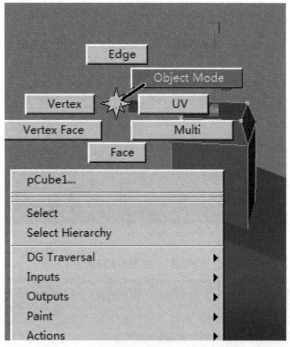

图 5-129

（27）检查下模型的大形，没有什么问题之后再切换为面的模式，如图5-130所示。

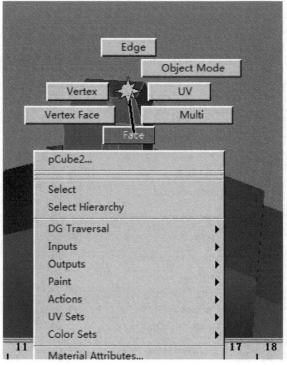

图 5-130

（28）选择模型最上方的面，如图5-131所示。

图 5-131

（29）执行挤出命令，挤出选中的面，如图5-132所示。

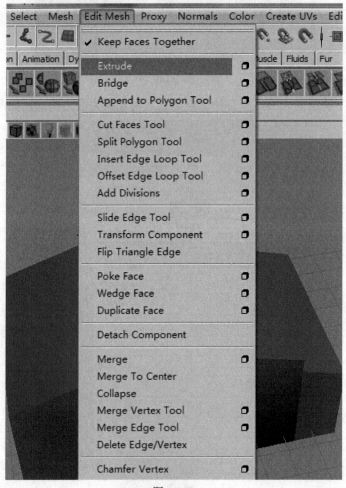

图 5-132

（30）把选中的面挤出并向上移动一定的位置，如图5-133所示。

图 5-133

（31）再次选择最上方的这个面，如图5-134所示。

图 5-134

（32）执行挤压命令并缩小这个面，如图5-135所示。

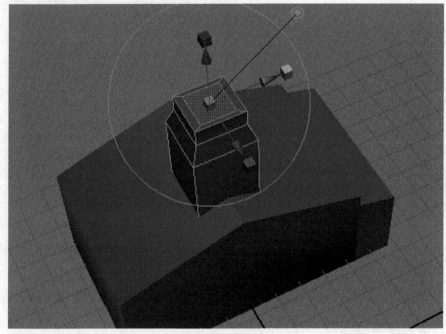

图 5-135

（33）然后再对这个面进行二次挤出，把面向上移动到一定的位置，如图5-136所示。

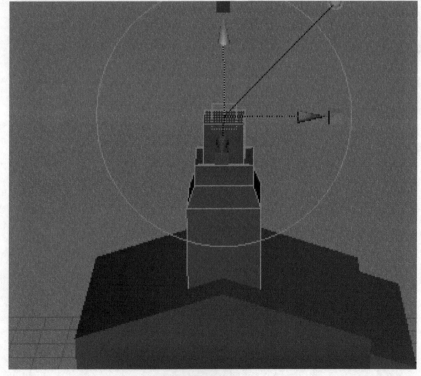

图 5-136

（34）再次对这个面执行挤出，并且放大这个面，如图5-137所示。

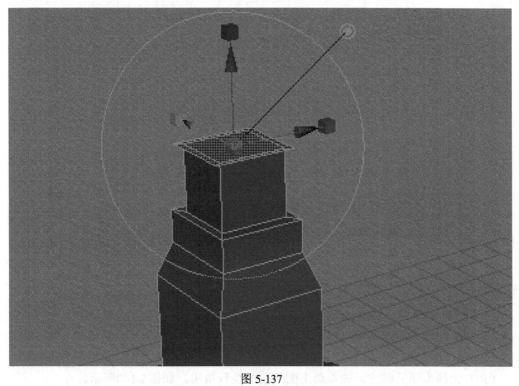

图 5-137

（35）再执行挤出命令，并向上移动，如图5-138所示。

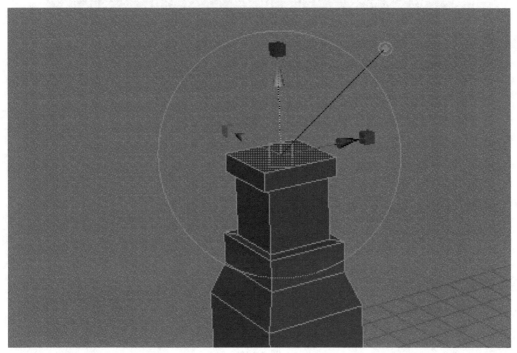

图 5-138

（36）把模型切换为点的模式，选择最上方的四个点并缩小，如图5-139所示。

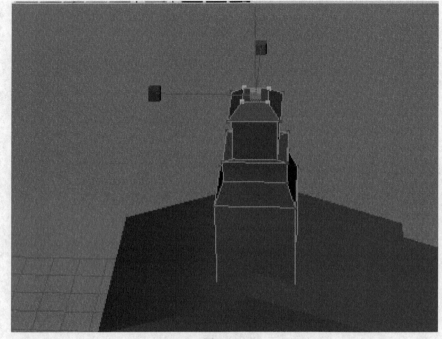

图 5-139

（37）切换为面的模式，选择最上面的面，执行挤出，如图5-140所示。

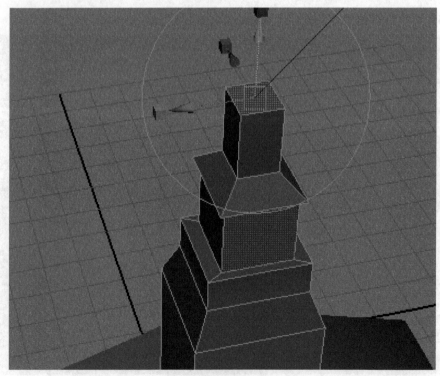

图 5-140

（38）再把最上方这个面合并到中心点，效果如图5-141所示，做出房顶的尖。

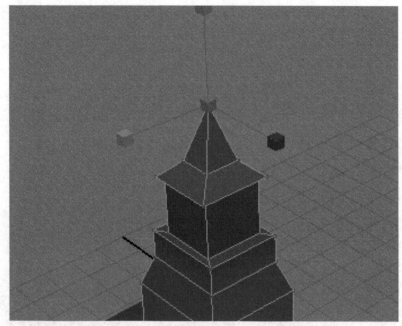

图 5-141

（39）再选择尖顶下方侧面的面，如图5-142所示。

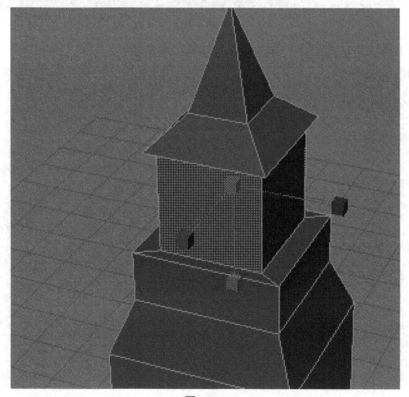

图 5-142

（40）执行挤出并缩小这个选中的面，如图5-143所示。

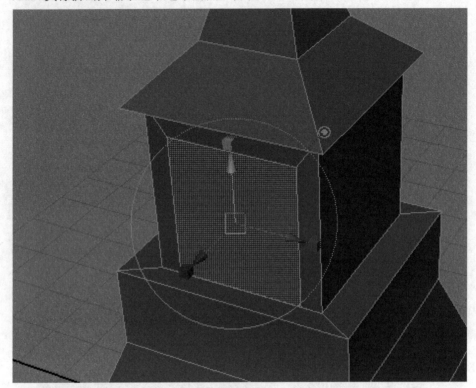

图 5-143

（41）再次挤出这个面，向内移动，如图5-144所示。

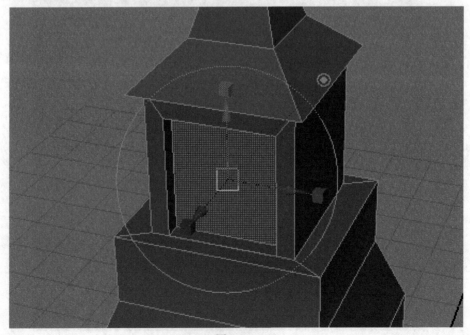

图 5-144

（42）再删除这个面，如图5-145所示。

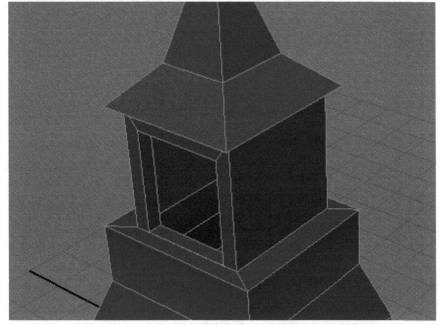

图 5-145

（43）把对应的四个面执行（39）至（42）的操作步骤，最后效果如图5-146所示。

图 5-146

（44）再次选房顶尖顶根部的侧面，执行挤出（这次不删除面），如图5-147所示。

图 5-147

（45）同理，和（44）一样修改对应的四个面，如图5-148所示。

图 5-148

（46）做完之后再次建立新的polygons长方体，如图5-149所示。

图 5-149

（47）把其缩小为点，形成三棱体，如图5-150所示。

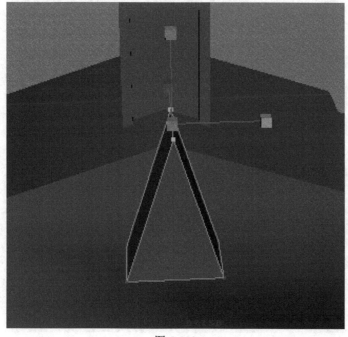

图 5-150

（48）再选择三棱体侧面，并对这一面执行Extrude（挤出）指令，如图5-151所示。

图 5-151

（49）规整所有的物体，把各部件摆放好，最后效果如图5-152所示。

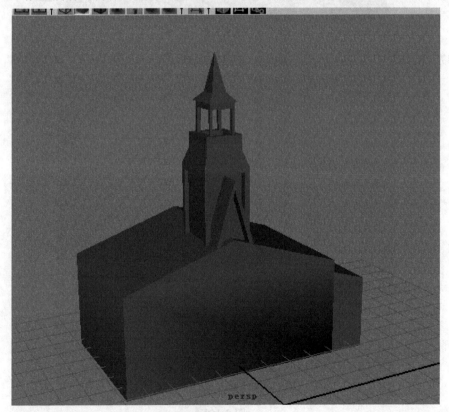

图 5-152

（50）再次建立一个新的长方体，用来做外墙装饰，如图5-153所示。

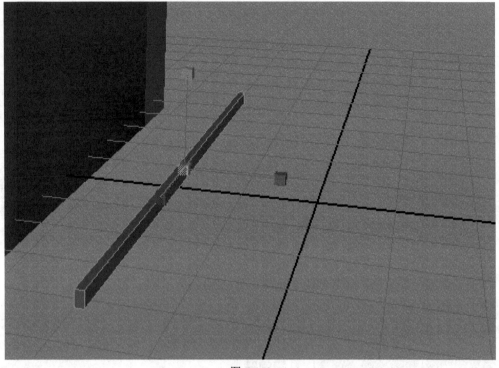

图 5-153

（51）复制若干，利用三视图保证其在一条直线上，如图5-154所示。

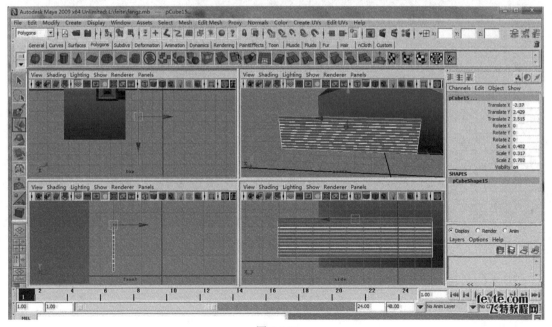

图 5-154

（52）选中全部木条，执行旋转，让其倾斜如图5-155所示。

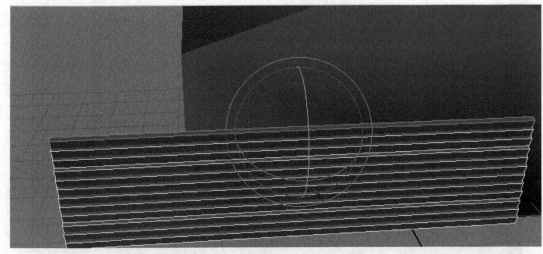

图 5-155

（53）调整外墙装饰，让其依附于墙体，如图5-156所示。

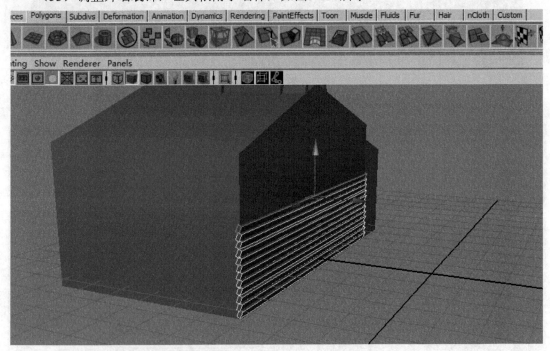

图 5-156

（54）利用上一步操作，把房子所有部分的装饰搭建起来，如图5-157所示。

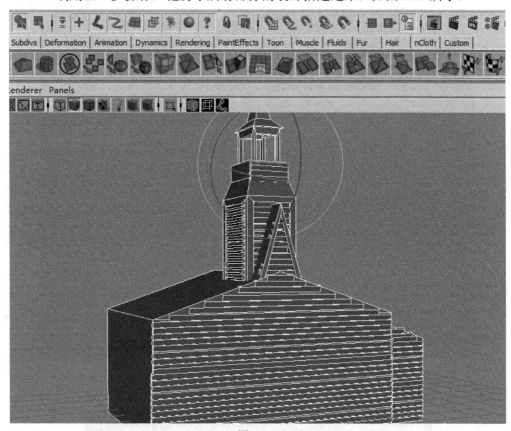

图 5-157

（55）新建一个圆环模型，如图5-158所示。

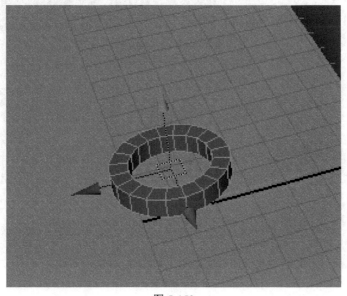

图 5-158

（56）旋转*x*轴90°，旋转*y*轴90°，并且去掉圆环的一半，最后效果如图5-159所示。

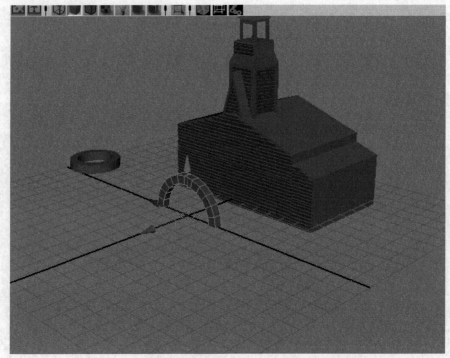

图 5-159

（57）选择底部的边，并执行挤出命令，如图5-160所示。

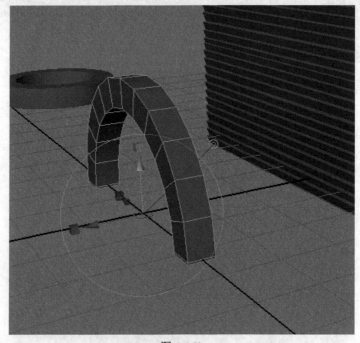

图 5-160

（58）把挤出的边向下拉到一定长度，如图5-161所示。

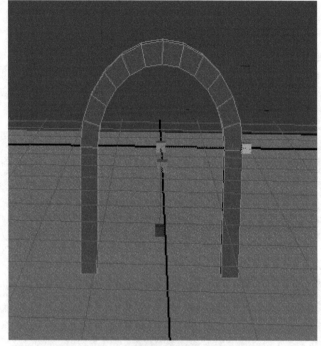

图 5-161

（59）选择上方门弧上的边，如图5-162所示。

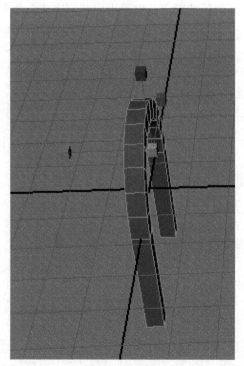

图 5-162

（60）对这条边执行挤出，然后把其压平，做出门的效果，如图5-163所示。

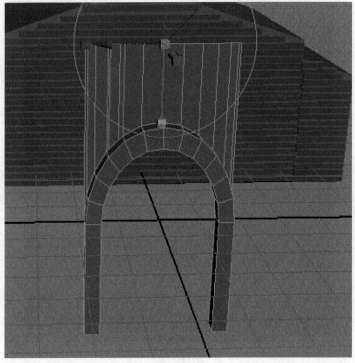

图 5-163

（62）最后把门移动到房子墙壁上，尖顶小屋基本完成，如图5-164所示。

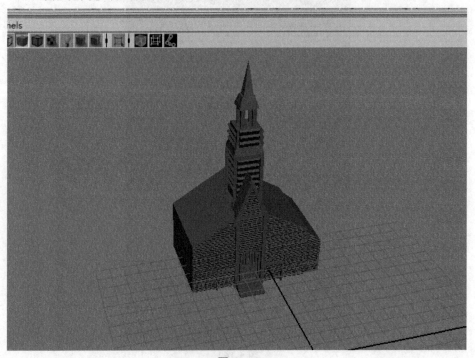

图 5-164

::::::::::::::: 5.5 案例——兽头石屋 ::::::::::::

本书的最后一个案例兽头石屋是一个比较复杂的场景。

📷 5.5.1 分析搭建场景大形

本节详细介绍复杂场景模型结构比例图的搭建方法。主要思路为先用一些基础模型搭建场景的基础比例，然后在此基础上进一步细化，以此来保证整个场景模型的准确比例。

（1）观察参考图，分析场景中各个构成物体的比例。整个图可以大致分为树根根须和石屋两大部分，根须可以通过挤压的方式来单独做；在搭建场景大形这一步，只需要做好石屋就可以。如图5-165所示。

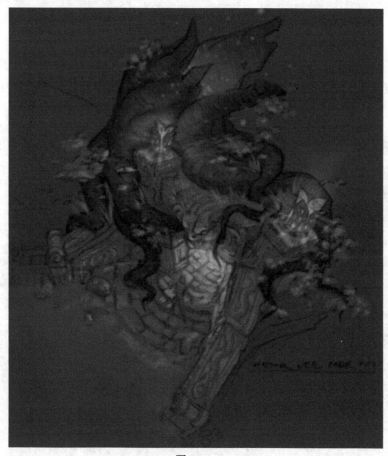

图 5-165

（2）首先为场景创建一个地面，即创建一个Plane，宽度和高度的分段数都改为5，以此作为场景的依托。如图5-166所示。

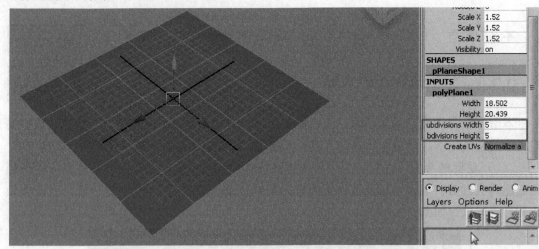

图 5-166

（3）接下来做出场景石屋的主要部分，首先是两根石柱，石柱的外形并不是左右对称的，在角度上会有一定的扭曲。创建两个Cube，缩放、调整外形，在视图中调整后如图5-167所示。

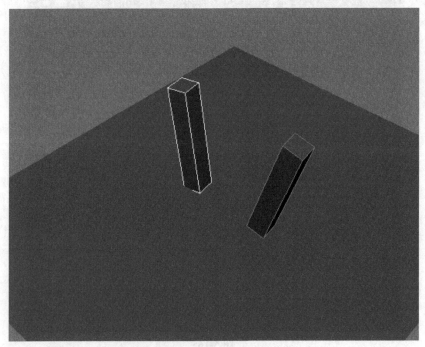

图 5-167

（4）创建出石屋的房顶，基础外形仍然是一个Cube，调整好大小比例以后，在移动位置时注意房顶高度比石柱略微低一些。如图5-168所示。

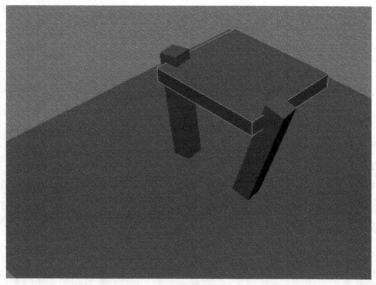

图 5-168

（5）接下来制作石屋的台阶。石屋台阶是由很多砖块构成的，在搭建基础外形这一步，只需要搭建出台阶的大体轮廓。如图5-169所示，创建一个Cube之后，中间段数改为4，然后调整外形，将前端调成一个斜坡状，放置在合适位置。

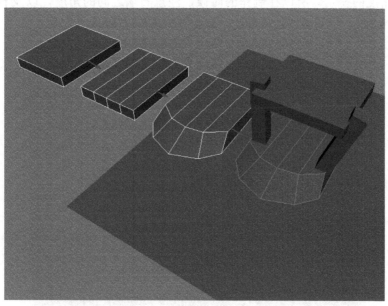

图 5-169

（6）石屋的内壁，由于它在场景中处于不显眼的位置，可以简化处理。创建一个Cube，删掉前方和下方的面，调整外形，将其放在合适的位置，如图5-170所示。

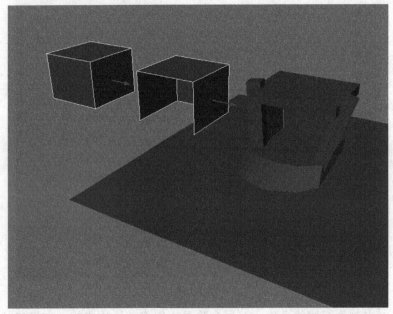

图 5-170

（7）前方两堵石墙位于石屋左右两侧，从参考图中可以看到两堵墙并不是对称的，它们存在有角度的差别。所以在制作的时候，注意石墙之间的角度，以及石墙本身的弯曲。创建两个Cube，中间各增加一段线，调整至如图5-171所示的造型。

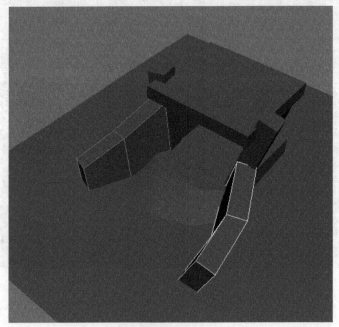

图 5-171

（8）大体外形创建好以后，参考模型就建立完成了。为了不影响接下来的正式模型制作，可以创建一个图层，将所有参考模型放入图层中，然后图层属性改为T，即线框不可选中模式，如图5-172所示。

图 5-172

5.5.2 石屋外形整体制作

从本节开始制作石屋模型的整体部分。在参考图中，石屋是场景中比较重要的一部分，是视觉的中心，也是根须的承载点，所以它的造型和细节直接关系到整个模型的效果。通过制作石屋，可以了解一些常见场景的制作方法。

（1）观察参考图中石屋的基本形态，因为之前已经搭建好了石屋的基本比例结构，所以只需要在结构的基础上重新细化即可。如图5-173所示。

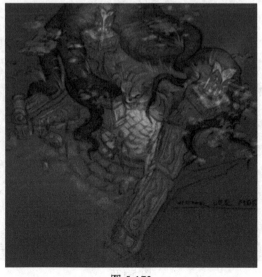

图 5-173

（2）首先从石柱入手，石柱从上到下有一个由宽到窄的变化，所以先建立一个Cube作为石柱上方较宽的部位，然后执行Edit Mesh命令下的Extrude（挤出）选项，挤压两次得出柱子的基本形体。如图5-174所示。

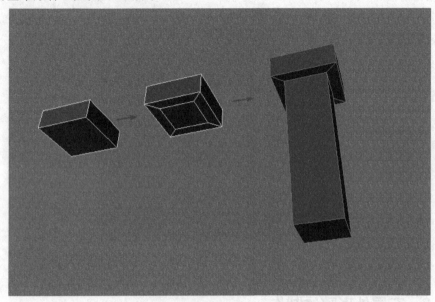

图 5-174

（3）将石柱放置在之前做好的比例图中，参照原模型调整大小比例以及角度，要旋转左侧的柱子下方的面，做出一点扭曲的效果。注意，调整这一步的时候，一要参考比例模型，二要对照原图，大形要对照准确。如图5-175所示。

图 5-175

（4）选中两根石柱，执行Edit Mesh命令下的Bevel（倒角）选项，Bevel的segments值（倒角段数）改为2。做好导角后，在两根柱子中间添加两段线，微调一下柱身的弧度，最后把两根柱子底部的面删除掉。如图5-176所示。

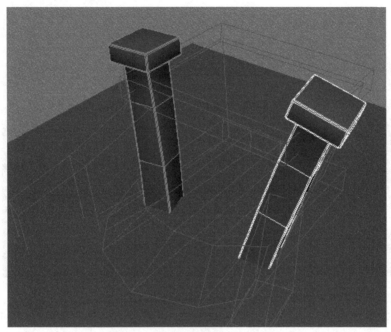

图 5-176

（5）接下来制作房顶，房顶的基础外形仍然是一个Cube，通过调整比例和挤压外形，得到如图5-177所示的效果。

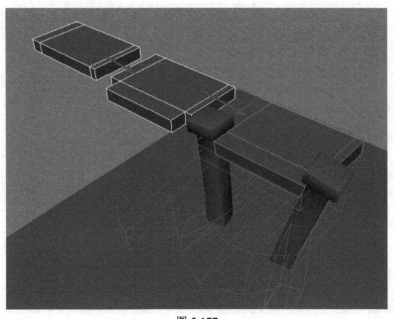

图 5-177

（6）通过Edit Mesh命令下的Insert Edge Loop Tool（插入边工具）指令，为房顶的模型转折边添加导角线。图中选中的边的位置是房顶前沿，按箭头所示方向向下及向后推送一段距离，使边角较为平滑，如图5-178所示。

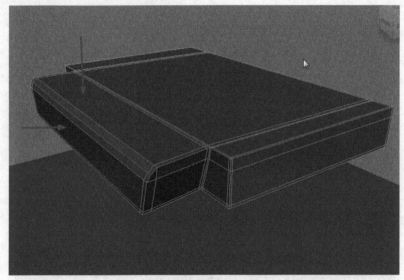

图 5-178

（7）还需要更改一下房顶模型的布线结构，以减少不必要的负担。如5-179所示，先在模型中间添加一段横的结构分割线，然后如红色线段所示，将线连成两个三角形，再选中图中所示的线，执行Edit Mesh命令下Delete Edge（删除边）指令，删除后的效果如图5-180所示。模型底面和左侧的线的更改方式也是同样方法。

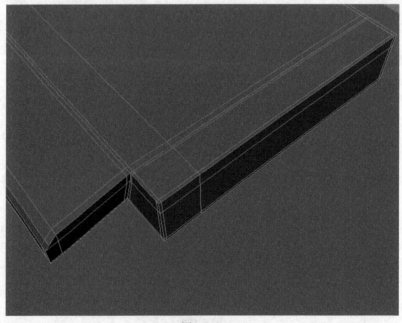

图 5-179

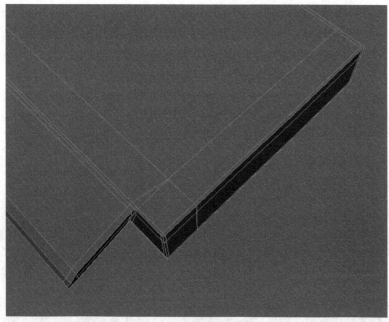

图 5-180

（8）将房顶模型中间添加三段循环线，按图中箭头方向所示向下压一小段距离，目的是做出正面略微向下的弧度感。同时红色方框区域的线，仍然按照上一步的方法，将线精简化，如图5-181所示。

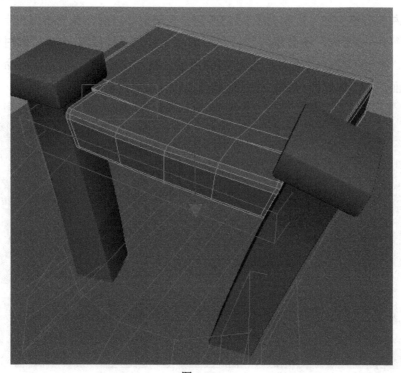

图 5-181

（9）接下来制作两侧的石墙，根据参考模型，通过几个简单的Cube搭建出大形，同时在上方各添加一圈循环线，为石墙上方的细节作准备。其中方形框区域，是左侧石墙和柱子之间的空档，需要预留出来；圆形框为右侧石墙需要注意的位置，由于原图中有一道明显的分界线，可以将右侧石墙做成两部分。如图5-182所示。

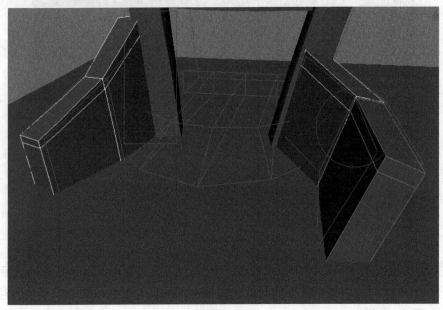

图 5-182

（10）左侧石墙的加工过程如图5-183所示，大形定好以后，首先挤压出上方的棱，然后对物体执行Bevel命令，参数保持默认，石墙中间过渡线只保留一条， 同时删除下方以及两侧的面。右侧石墙方法类似，如图5-184所示，挤压出棱角，执行Bevel命令，删除前方及下方的面，由于内侧面跟石柱接缝处是可视的，所以内侧面不删除。

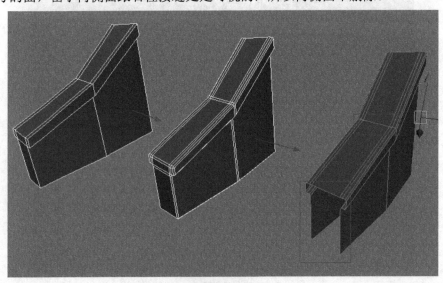

图 5-183

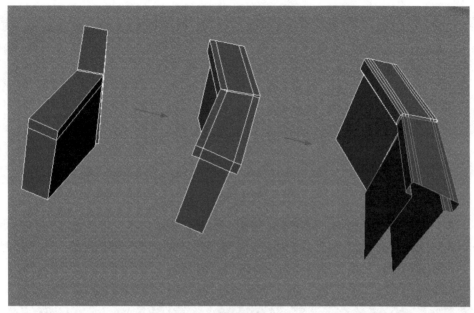

图 5-184

（11）石墙前方的石墩及装饰品这两个部分单独制作。圆形装饰品的基础形态可以通过一个圆柱得到：创建一个圆柱，基础段数改为16段，前方按照装饰品凸起的部分，添加结构线并挤压。效果如图5-185所示。

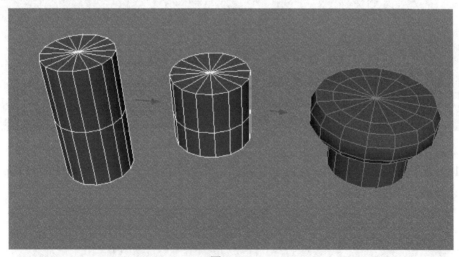

图 5-185

（12）然后修改圆柱前方的布线，将其改成螺旋状的布线结构，以挤压出图5-186中的效果。首先我们将圆柱前方的循环线改为三段，接着在上面通过Edit Mesh命令下Split Polygon tool（分割多边形工具）指令，在循环线中间添加如图5-186中标出的线，添加完之后，按照图中标示，删掉中间多余的线，将布线结构改为循环线，并调整线的外形。

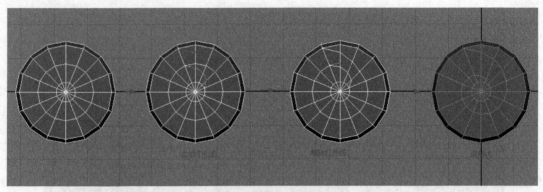

图 5-186

（13）为了在螺旋状结构上面挤压出体积，需要添加结构线，可以通过Edit Mesh命令下Insert Edge Loop Tool（插入线工具）指令，在螺旋线内侧添加一圈辅助线，然后按照图中提示，选中相应的面，挤压出厚度，如图5-187所示所示。

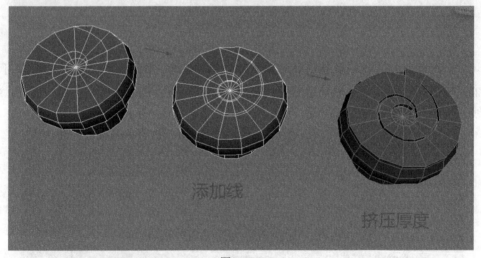

图 5-187

（14）删掉挤压出来部分首尾两端的横线，然后在内外侧各通过Insert Edge Loop Tool指令添加导角线，如图5-188所示。

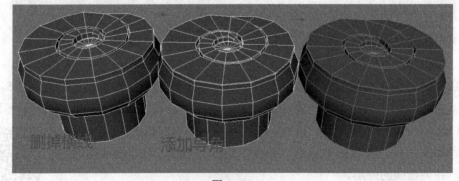

图 5-188

（15）接下来就是将装饰品变为一个整体。首先将做好的成品在X轴方向上旋转90°，执行Modify命令下Freeze Transformations（冻结）指令，通过Ctrl+D复制，将复制品在X轴轴上的缩放值改为-1，将两个物体执行Mesh命令下Combine（合并），选中中间点，执行Edit Mesh命令下Merge（合并点），这样就完成了物体的镜像和合并。如图5-189所示。

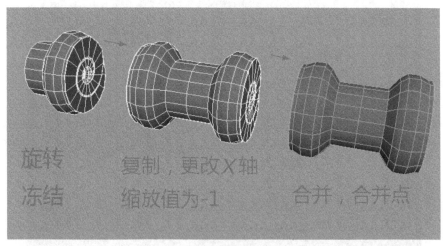

图 5-189

（16）装饰品做完以后，制作它下方的石墩。石墩的外形是一个简单的方形，可以通过一个Cube作为基本的形体，调整好比例后，执行Bevel命令，Offset值（倒角大小）为0.2，Segments值（倒角段数）改为2，然后删掉上下两端的面，将其放入合适的位置。如图5-190所示。

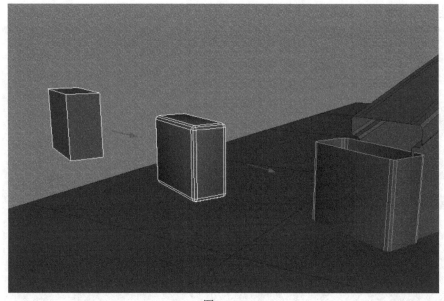

图 5-190

（17）将装饰品放入石墩上方，调整比例，使各个物体之间形成自然的衔接。另一侧的石墩和装饰品可以通过复制调整的方法来实现，效果如图5-191所示。

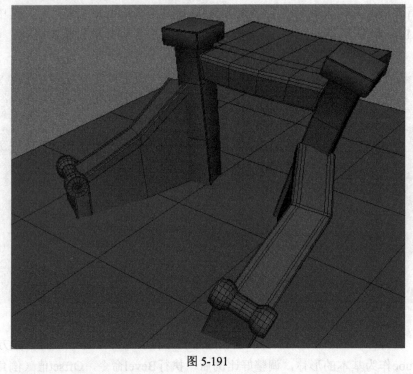

图 5-191

（18）石屋的后方不处于视觉中心，同时被树根缠绕覆盖，因此可以简化处理。创建一个Cube，删掉前方、上下两端的面，将其放在合适的位置后，调整点，使其符合石屋的结构，能够完全遮挡，效果如图5-192所示。

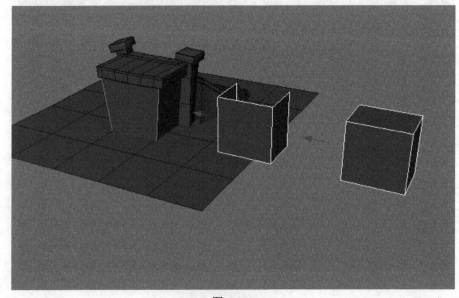

图 5-192

（19）石屋整体的外形效果如图5-193所示。

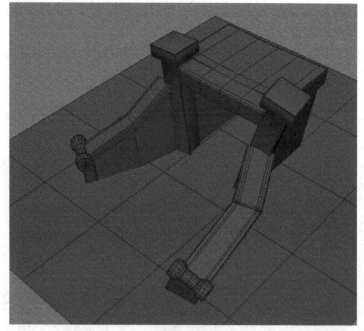

图 5-193

3.5.3 兽头的制作和拼接

　　房顶前端的兽头装饰物是场景中一个比较重要的细节，虽然兽头是属于场景，但它本身具有眉弓、眼睛、嘴巴等，所以在某种意义上，兽头装饰物是一个简化版的角色模型。在制作时，要考虑诸多的布线问题，还要做好与房顶的拼接工作。

　　（1）观察参考图，思考兽头的基本外形特点。兽头的基本外形是只有前面的面部（面部贴在房顶前方部位），所以做出其包括五官在内的面部即可。先创建一个Cube，执行Mesh命令下Smooth（平滑），删掉后半部分。如图5-194所示。

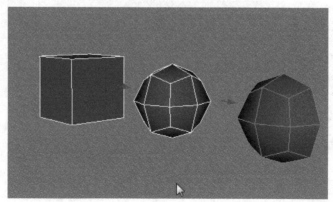

图 5-194

（2）再删掉左半部分，执行Edit命令下Duplicate Special，打开对话框，Geometry type（复制类型）改为Instance（关联复制），Scale*X*轴改为-1，执行命令，这样就得到了一个半边脸的关联复制形态。如图5-195所示。

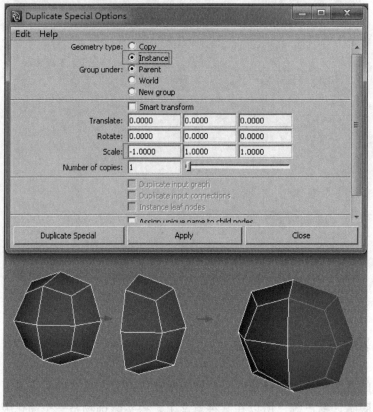

图 5-195

（3）为兽头的眼睛、鼻子和嘴巴各自添加结构线，如图5-196所示，通过添加循环线将模型更加细化，然后调整眉弓和嘴巴的线，勾勒出大形，眉弓的线下沉一些，嘴巴的线向内收一点，同时注意整个头部模型的平滑度。如图5-196所示。

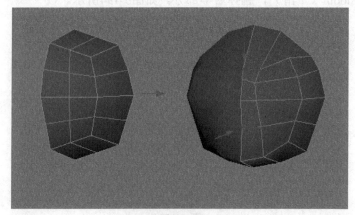

图 5-196

（4）接下来制作眼睛。首先在头部的侧面添加一条循环线，为头部增加更多的结构细节，调整线，使眉弓更平滑，下巴略微收一点。调整完毕以后选中眼睛区域的面，挤压缩放，调整成为斜的、略长的眼睛的外形。外形确定好以后，将眼睛挤压两次，分别做出凹陷和凸起的两层结构，以表现眼球。效果如图5-197所示。

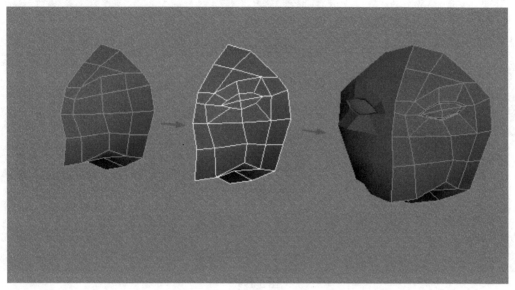

图 5-197

（5）下一步是嘴巴的刻画。按图上的步骤所示，先通过红色的线，在面部前方勾勒出嘴巴的外形，同时把嘴角两端的线牵引起来。做嘴巴外形的时候需要注意，嘴巴的特点是中间较窄，两端较宽，这样就能表现出兽头凶悍的感觉。在嘴巴轮廓线内外各添加一条循环线，内侧的线用来表现嘴巴的深度，外侧的线用来塑造嘴巴周围的外形，特别注意下颌要有圆润感。效果如图5-198所示。

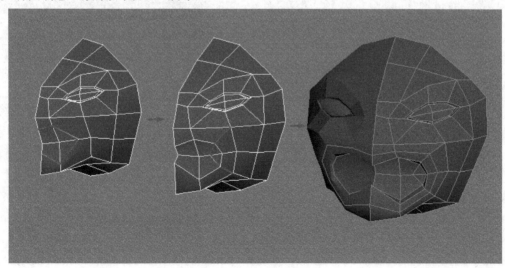

图 5-198

（6）接下来修正眉弓和嘴巴的衔接关系。首先按图5-199中红线标示所示，先把眉弓附近的空白处连接起来，删掉黄色的线，再从断线处接一条线下来，到下颌底部汇成一个三角形。调整外形，嘴巴附近和眉弓附近再圆润一些。效果如图5-199所示。

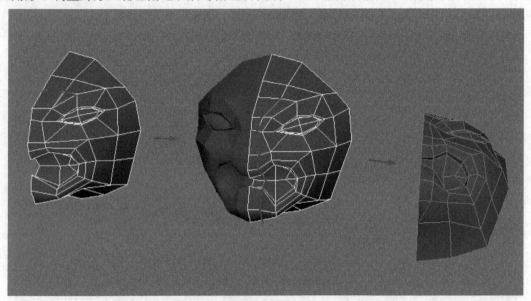

图 5-199

（7）眼睛的细化是重点，主要是在眉弓和眼窝附近添加如图5-200所示的红线，然后将眉弓和眼皮的深度拉进去，将眉弓调整成为一条平滑的曲线；同时颧骨拉起来，鼻子也拉得圆一点，这样整体的外形已经逐步显现。效果如图5-200所示。

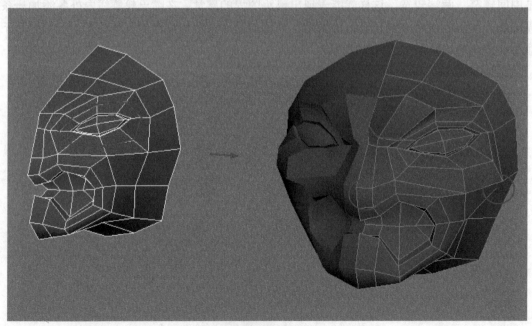

图 5-200

（8）鼻孔的调整过程较为简单。首先确定出鼻孔的大致位置，然后挤压出鼻孔，接下来再次执行挤压，做出一个孔洞的效果。鼻孔做完以后微调一下面部的比例，譬如眉弓和鼻子之间的距离可以降低一些，眼睛的斜度可以拉长一些。如图5-201所示。

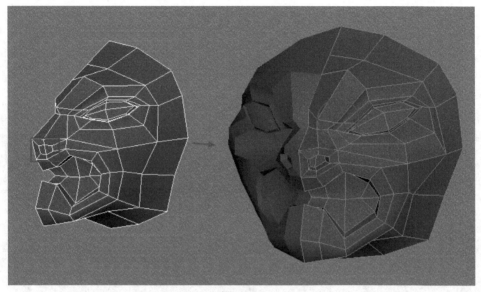

图 5-201

（9）面部调整完毕后，开始制作牙齿。创建一个圆柱，段数改为8段，压扁初始外形，然后选中最下方的面向下挤压缩放，如此进行5次，再将最前端的点拉出，挤压调整成为如图5-202所示的锥形。最后将最顶端的面删除。

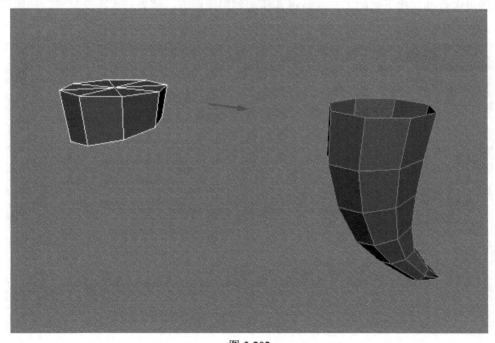

图 5-202

（10）将牙齿移至嘴巴内侧，调整大小、位置以及角度。调整完以后，复制一个下牙，同样调整好位置、角度，最后将半边牙齿和半边脸执行Mesh命令下Combine（合并），如图5-203所示。

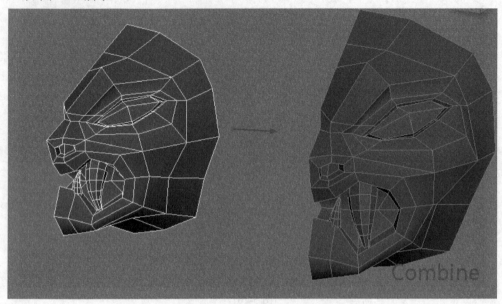

图 5-203

（11）选中半边头的模型，执行Ctrl+D键复制，然后将X轴缩放值改为-1，选中两个物体执行Combine，再选中中心线上的点执行Edit Mesh命令下Merge（合并点），这样就完成了兽头的镜像合并。接下来的工作就是将其移动到房顶前方，调整好大小及位置，如图5-204所示。

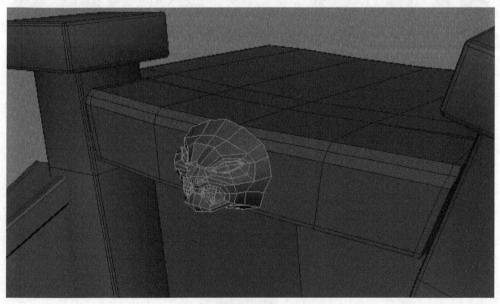

图 5-204

（12）接下来的工作就是将兽头和房顶进行合并，需要对点进行重新规划、调整。首先选中房顶模型，在兽头两侧各自添加一条循环线（因为房顶不是对称的，所以没必要镜像处理），然后将图中所示的面删掉，简单调整一下点，使其外形能够大致符合兽头形状，如图5-205所示。

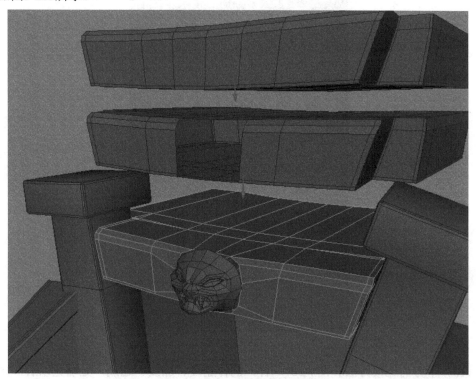

图 5-205

（13）然后开始吸附点，吸附点的时候由于段数不一，所以这一步可以不用苛求数量的对应，只先把一些能够对应上的点先吸附上，如图5-206所示，选中兽头上的某点以后，在移动状态下按住V键，拖到对应的点上松开，就完成了吸附。吸附完毕以后，可以看到大部分的点都对应上了，在兽头的上方和下方各多出了两条线，如图5-206所示。

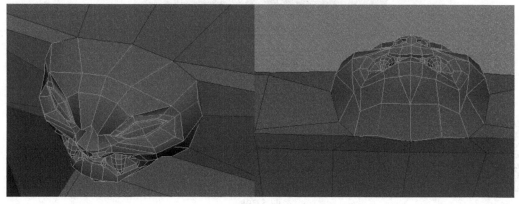

图 5-206

（14）选中上方多余的两条线，执行Edit Mesh命令下Delete Edge，将其删除，然后连成如图5-207所示的三角形，左右各一个，再将两个三角形之间连出一条横线，略微调整外形，使额头更饱满，如图5-207所示。

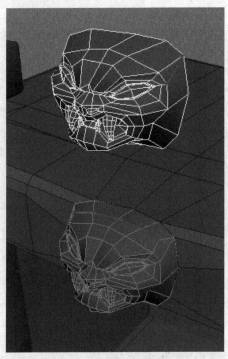

图 5-207

（15）下方的连接方法和图5-207一样，同样删线、加线、连线，处理完以后，同样删除下颌中间两个三角形的中心线，如图5-208所示。

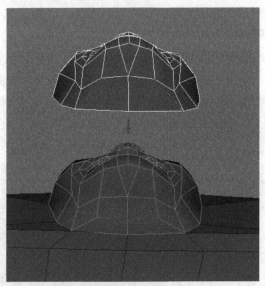

图 5-208

（16）点的位置对应完以后，接下来就是合并的过程。选中兽头和房顶，执行Mesh命令Combine（合并），再选中中间的交界点，执行Edit Mesh命令Merge（合并点），将其合成一个整体，如图5-209所示。

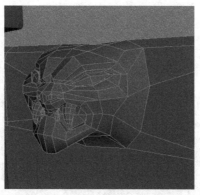

图 5-209

（17）合并完以后，兽头和房顶中间的交界处不是很平滑，还需要做一个缓冲。在交界线的外侧，通过手动加线为其添加一圈循环线，如图5-210所示。

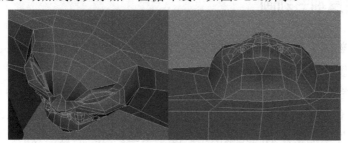

图 5-210

（18）选中如图5-211所示的三角边，执行Edit Mesh命令下Collapse（塌陷），使其变成规整的四边形。

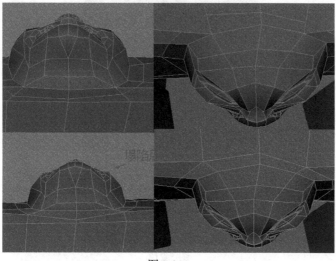

图 5-211

（19）微调过渡处的一些点，使形体更加饱满自然。这样，兽头的细节刻画完成，效果如图5-212所示。

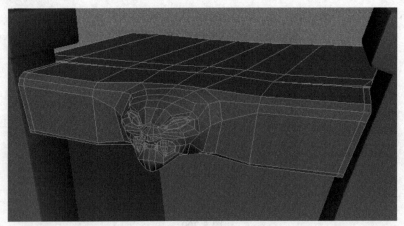

图 5-212

5.5.4　石屋细节刻画

石屋的细节刻画主要包括墙上的雕刻纹路、柱子上方的花型灯具等。细节刻画是体现一个模型精彩程度的重要环节，不能忽视。

（1）观察参考图，思考并理解石屋中一些花纹的大致外形。从图中可以看到大部分墙上都有纹路，但由于分辨率的原因，有些纹路看得不是很清楚，可以从清楚的地方入手，举一反三，尽量把整体氛围先做出来。除了纹路以外，石柱上方的花型灯具也是一个小重点。如图5-213所示。

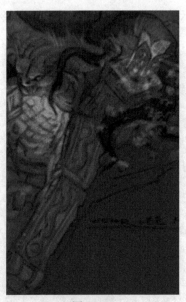

图 5-213

（2）花型灯具可以通过旋转复制的方式得到。花型灯具由四片花瓣组成，花瓣上有空洞。首先需要做出四片花瓣中的其中一片，可以通过一个面片来制作基本形体。如图5-214所示，创建一个Plane，宽度段数为2，高度段数为4，将其在*X*轴旋转90°，使其直立，然后通过缩放拉长，顶部调尖，再通过旋转点，将其外形在上部略微掰弯，形成一个弧度。如图5-214所示。

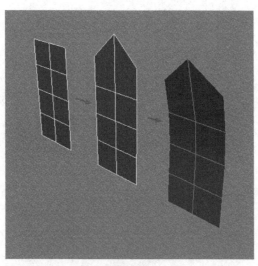

图 5-214

（3）将面片顶点下方的两个点通过添加线连接起来，形成两个三角形，面片的基本外形确立了，然后在上面挖出孔洞。选中中间靠上的四个面，把Edit Mesh命令下Keep Faces Together（保持面的统一性）的对号勾去，这样挤出的面都是单独的个体，如图5-215所示，挤压出四个面，分别缩放。

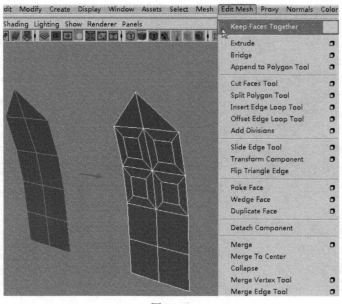

图 5-215

（4）将上一步中的保持面的统一性选项重新勾上对号，然后选中刚才几个面下方的四个面，统一挤出一个大面，缩放，调整外形，最后将挤出的5个面删除，形成5个洞。面片的形确定以后，选中模型，直接执行挤压命令，将面片略微挤压出一点厚度。如图5-216所示。

图 5-216

（5）在面片上方的顶点两侧，通过添加循环线，使顶点的边形成两条导角线，同时也把顶部的四个三角形变成了四边形，然后再通过添加循环线，给面片的厚度增加导角。几个孔洞的边缘，可以直接选中它们的圈线，执行自动导角命令。如图5-217所示。

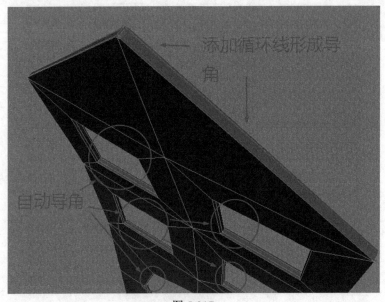

图 5-217

（6）将灯具下方的面删掉，因为下方要埋藏在底部，然后按图5-218所示，为灯具建立一个圆的底座，初始圆柱段数为12，挤压几次之后结合导角，得到如图所示的底座形状。同时，灯具属性冻结归零，通过Insert键将重心点移动至世界坐标轴的中间，以便于下一步的复制。如图5-218所示。

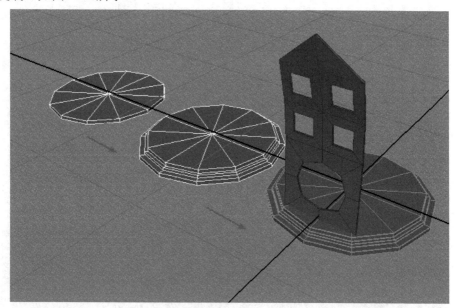

图 5-218

（7）然后开始旋转、复制。选择灯具面片，执行Edit 菜单下的Duplicate Special，点开参数盒，因为要复制三个面片，所以在Rotate（旋转）Y轴角度上，将数值改为90，复制类型改为Copy（复制实体），Number of copies（复制个数）改为3，然后执行命令。这样就得到了完整的灯具，选中所有灯具和底座，执行Mesh菜单下的Combine（合并），使其成为一个整体，同时将其命名为Light。如图5-219所示。

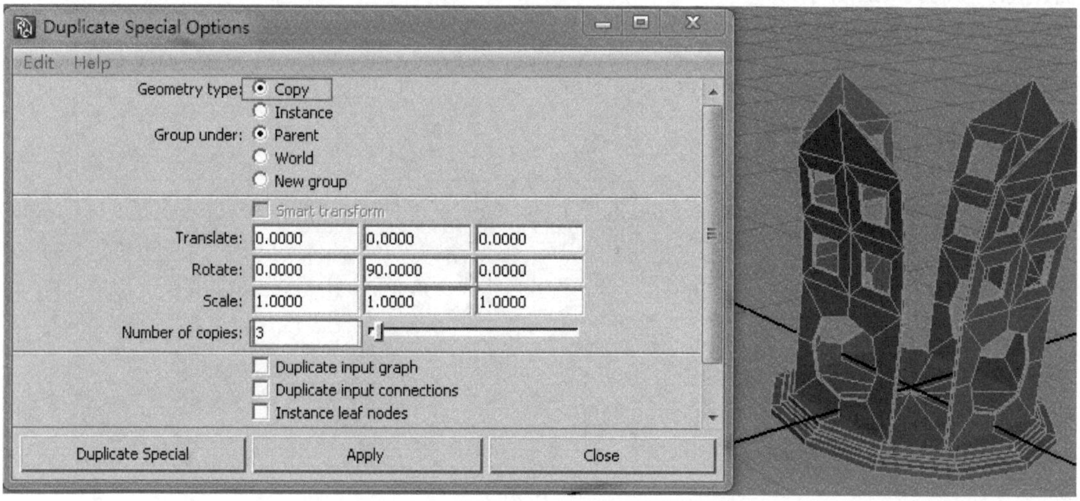

图 5-219

（8）灯具制作完成后，要把它们放置在合适的位置。首先把灯具放置在左侧石柱上方，调整比例及角度，然后再复制另一个灯具，放置在右侧，调整好比例及角度。如图5-220所示。

图 5-220

（9）接下来是石屋墙壁纹路的刻画。纹路可以分为两部分：一是外侧的方形纹路轮廓，二是中间的花纹。可以先制作纹路轮廓，因为所有的纹路轮廓都是方形的，先做出一个模板，其他的纹路轮廓通过复制、调整即可。

创建方法上，可以先建立一个面片（Plane）为3，调整线之间的距离，然后将中间的面删除，如图5-221所示。

图 5-221

（10）对此面片执行挤压命令，挤压出厚度，厚度和高度差不多即可；然后对模型整体执行Bevel倒角命令，倒角大小Offset值可以改为0.3。倒角完毕以后，由于花纹轮廓是插在墙里面的，所以底部的一整层面可以删除。如图5-222所示。

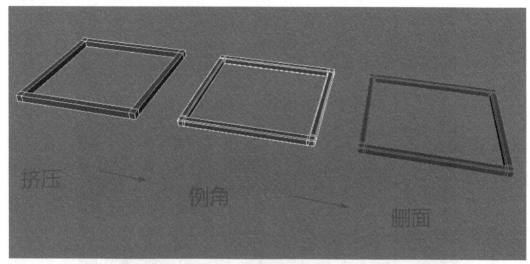

图 5-222

（11）拐角转折处会出现五边面，从五边的顶点手动向下加一条中心线，如红线所示，另外三个拐角也同样处理，这样，一个花纹纹路就制作完成了，如图5-223所示。

图 5-223

（12）复制上方的轮廓形，首先做出柱子顶部的细节，如图5-224所示，调整外形，通过移动点将模型变长（用缩放会改变比例），再通过旋转和移动改变角度、位置，使其适合模型。左右柱子都是同样的方法。如图5-224所示。

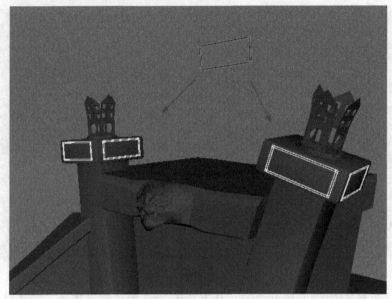

图 5-224

（13）石柱主体上的花纹轮廓可以通过调整角度、复制和移动点得到。如图5-225所示。

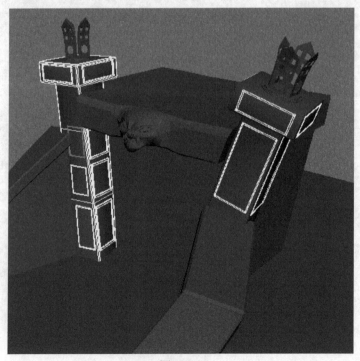

图 5-225

（14）前面石墙上的纹路，走向可能会略有变化，注意调整外形，同时多观察参考图，理解纹路的大致思路。如图5-226所示。

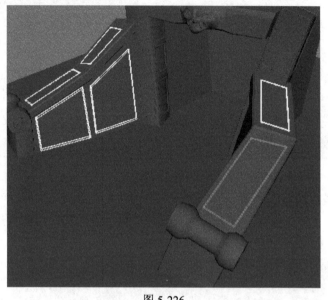

图 5-226

（15）轮廓中间的花纹都是不规则的形状，只挑选右侧石柱上两个具有代表性的花纹介绍一下。

右侧石柱花纹的出发点是一个圆形，类似于蛇头，上面还有一些细节，我们可以先建立一个球体，段数都改为8段，然后删去下半部分，将整体压扁。上方第二段环形区域，挤压两次形成一个凹槽，然后外侧的四个面挤压出一个体积，通过缩放压平，并将其横截面调整成为半圆形，以便于下一步的条形挤压。挤压完毕以后，将下方的面全部删除。如图5-227所示。

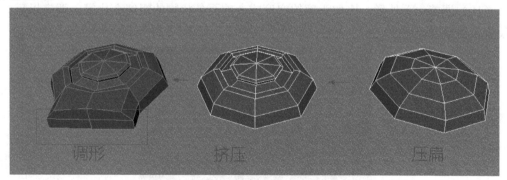

图 5-227

（16）通过Create命令下EP Curve Tool（绘制EP曲线），从顶视图入手，以第二次挤压出来的面为出发点挤压一条曲线，右侧石柱花纹要流畅，这样挤压出来的形体才匀称。如图5-228所示。

图 5-228

（17）选择最前端的四个面，按Shift键加选曲线，执行挤压命令，再找到右侧挤压的属性，将Divisions（挤压段数）改为一个合适的数值（大约20），然后选择物体并删除历史，再删除曲线。如图5-229所示。

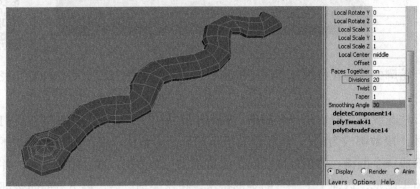

图 5-228

（18）调整一下外形，比如头部的宽度或者前面条状物的粗细变化等，调完以后，将花纹放在场景中合适的位置，调整比例大小及角度。如图5-229所示。

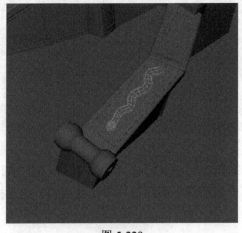

图 5-229

（19）内侧石墙的花纹没有蛇头的外形，可以复制刚刚制作出来的模型，然后将前端的蛇头删掉，移动、旋转后放置在合适的位置。注意将首尾两端尽量埋藏在轮廓线里面。如图5-230所示。

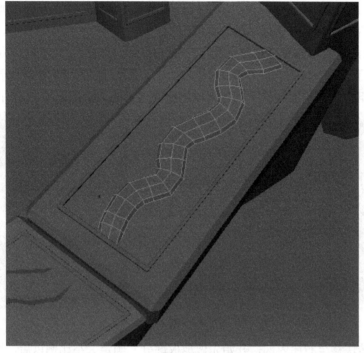

图 5-230

（20）石墙左侧的花纹可以通过复制并调整位置得到，由于左右不对称，所以在调整的时候，更多是为了适应形体而不是左右对称。石墙内侧的一些花纹和石墙上方花纹的制作方法差不多，由于不是很明显，这里不再赘述。左右两侧石墙花纹的效果如图5-231所示。

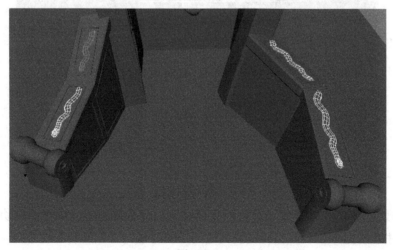

图 5-231

5.5.5 石地板的制作

之前在搭建场景比例模型的时候，已经做好了地板及台阶的基础比例模型，接下来对地板及台阶进行细化。从参考图中可以看到石屋地板和台阶并不是平面，而是由一块块大小不一的石头构成，制作时要把这种感觉做出来。

（1）砖块的基础形态可以通过创建一个Cube得到，如图5-232所示，将Cube缩放改成砖块形状，执行一次Bevel导角，Offset（导角大小）从0.5改为0.2，这样外形就不会显得突兀。因为砖块下方插在里面，看不到，所以将砖块底部的面全部删掉，如图5-232所示。

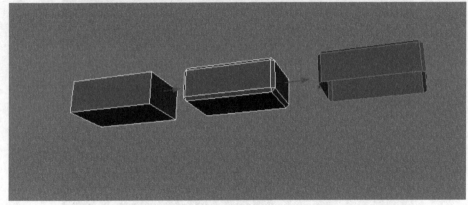

图 5-232

（2）将砖块移至石屋内部，开始先做地板部分。确定大小比例以后，通过Ctrl+D键复制，得到一排横向的砖地板。从参考图中可以看到每块砖的大小都是有区别的，所以复制完以后，挑选其中几块砖再进行局部的修改。如图5-233所示。

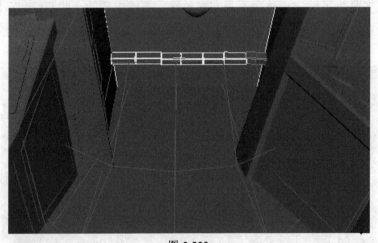

图 5-233

（3）将此排砖块继续复制、前移，直至排到门外台阶上方，此平面砖块地板就铺设完毕。需要注意的地方在于，当砖块快到达门口的时候，开始呈现弧度排列，到门外的时候就形成一个较大的半圆，所以复制到一半的时候，要手动调整砖块的整体排列顺序，使其呈现一个弧度，如红线所示。效果如图5-234所示。

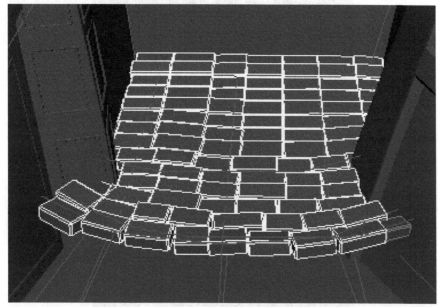

图 5-234

（4）复制得到第一排台阶，注意此排台阶比地板低一级，同时台阶的石头也普遍大一些。效果如图5-235所示。

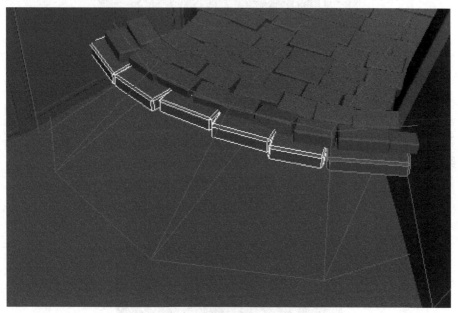

图 5-235

（5）继续向下复制，得到全部石阶。复制完以后要调整石阶，让石阶的大小富有变化。效果如图5-236所示。

图 5-236

（6）另外，还有一些点缀的石头，通过创建一个Cube，中间添加一条线，平滑一次，调整线的形状以及整体比例。效果如图5-237所示。

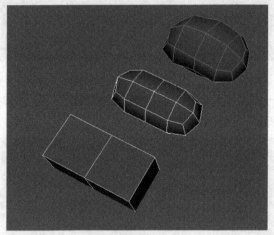

图 5-237

（7）多做几块石头，放在不同的位置，然后检查石屋场景，随时调整不满意的地方，最终效果如图5-238所示。

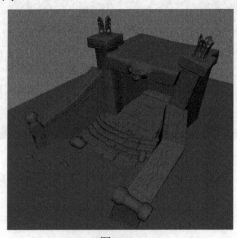

图 5-238

📷 5.5.6 根须基础外形搭建

场景的另一个重点是缠绕在石屋外部盘根错节的根须，根须的质感和动态与石屋完全不同，可以分两部分来制作。根须的制作思路：在做好基础形态和出发点以后，通过挤压曲线和改变一定的参数来实现。

（1）观察参考图，思考每条根须的大致走向，可以通过在参考图中画几条简单的曲线来概括它们的分布，如图5-239所示，图中的根须大致划分为5根，分别用不同的颜色概括它们的走向和穿插关系。根须的出发点都是从石头后方延伸出来的，所以在做根须前先把石头做出来。

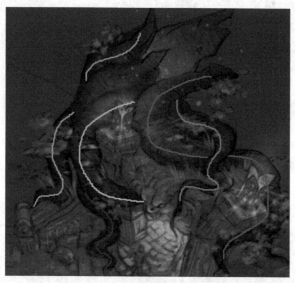

图 5-239

（2）石头的外形是一个不规则的长条形，所以基础的形状可以通过一个圆柱来实现。创建一个圆柱体，纵向分段数改为6，将底端的面删除，略微缩放外形后，挤压出几个横向的变化层次，直到挤压出石头的顶点，如图5-240所示。

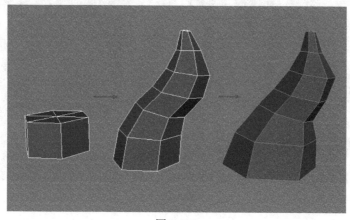

图 5-240

（3）从石头上方的侧面额外添加一条线，然后选中侧面四个面挤压出石头的另外一个顶点，中间的一些细节过渡也可以通过添加线和调整点来实现，如图5-241所示。

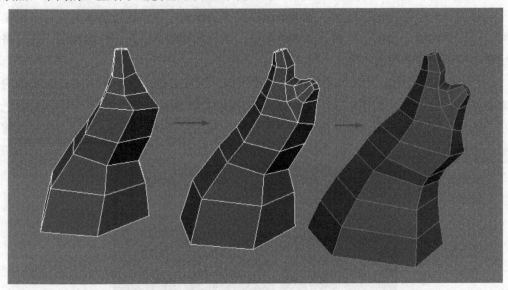

图 5-241

（4）通过一些额外细节线的添加和调整，可使石头模型的中部出现凹凸变化，如图5-242所示。

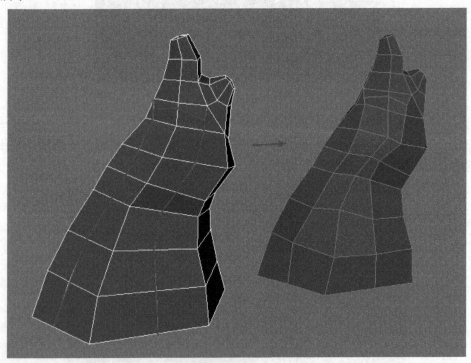

图 5-242

（5）将石头置于场景之中，调整好角度和比例，如果石头下方还有空隙，可以将底部向下挤压几次，如图5-243所示。石头做完以后，就可以进行根须的制作了。

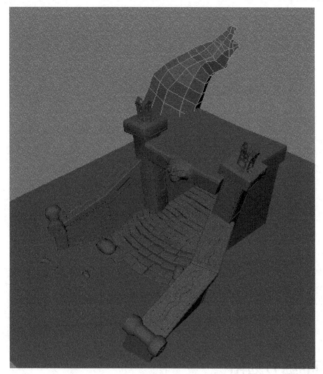

图 5-243

（6）制作根须的基础外形时，应做出每一条根须的基础形态，所谓基础形态就是在根须还未延伸扭曲前的形态。创建一个圆柱，纵向段数由20改为16，然后把正前方躺在房顶上的最大的一条根须的基础外形通过挤压、调整做出来。如图5-244所示。

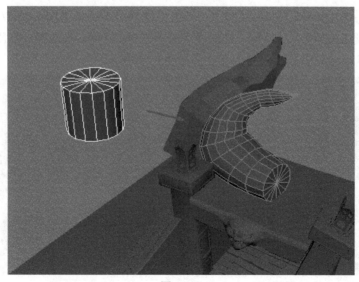

图 5-244

（7）余下的几条根须，把它们初始的基础形态做出来即可，因为其他几条根须的出发点都是在石头里面。初始形态的角度一定要调整好，因为这直接关系到最后的大形。如图5-245所示。

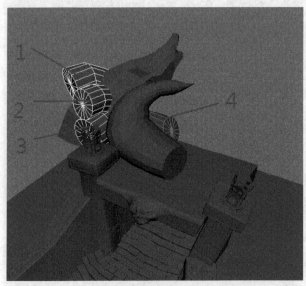

图 5-245

5.5.7 根须的细节刻化

根须是构成场景中重要的一个环节，它的外形直接关系着整个场景的质量。前一节已经做出了根须的基础外形，接下来主要通过曲线挤压的方式来把根须主体制作出来，同时兼顾调整。

（1）首先从中间一根大的根须入手，之前已经预留了一个平面，执行Create命令下EP Curvel tool（创建EP曲线），将第一个曲线点用V键（吸附点）吸附在要挤压的面的中间，然后在顶视图里，绘制出曲线横向的变化，如图5-246所示。

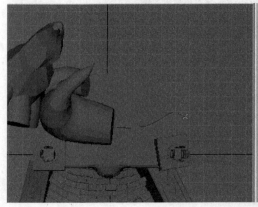

图 5-246

（2）将顶视图切换到侧视图，继续将曲线侧面的部分绘制出来。注意，曲线不能在透视图里绘制，只能在平面视图里绘制，才能保证精确性。绘制完曲线之后，按Enter键确认。如图5-247所示。

图 5-247

（3）调整曲线的点，使曲线整体的变化更加平滑，更能贴近原有根须的弧度，同时为了使挤压以后的曲线顺畅，在曲线弯曲的部分，可以将点调整得更密一些。如图5-248所示。

图 5-248

（4）选择根须前部的面，按Shift键加选线段，执行挤压命令，在右侧挤压命令栏里，将Taper（渐变值）改为0，这样最后一个面就成为一个点，同时挤压的面也会呈现由宽到窄的变化。增大Divisions（挤压段数）到数值28左右，以模型实际效果为准。如图5-249所示。

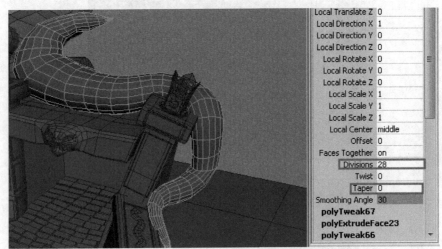

图 5-249

（5）局部如果有个别部位的线不顺畅，可以随时调整线或者曲线的点。调整完以后，场景中的一个根须就暂时完成，先不要删除曲线，后期可能需要调整。如图5-250所示。

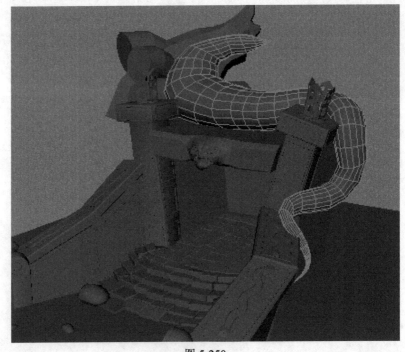

图 5-250

（6）下面制作下一条根须，即压在已经做好的根须上面的那个根须，它的动态是从后面延伸出，覆盖在中间这条根须上面，然后垂到兽头前方的侧面。初始制作方法是一样的，第一个曲线点用V键吸附在要挤压的面的中间，然后在顶视图里先绘制出横向平面的动态。如图5-251所示。

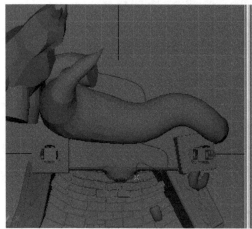

图 5-251

（7）从前视图绘制出垂直的动态。如图5-252所示。

图 5-252

（8）调整曲线的外形，使其点的布局匀称，整体线的弧度能够契合根须的特点。同时，根须之间的穿插、覆盖关系也要通过这一条曲线表现出来。穿插的时候不要忽略了根须还有厚度，即曲线不要完全压在某个物体上，要留出一定空间。如图5-253所示。

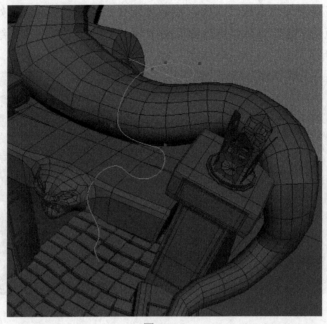

图 5-253

（9）挤压的方法跟前面一样，选中物体前方的面，加选曲线执行挤压，根据物体外形选择段数（大约为25段），Taper改为0。通过参考图可以看到，根须并不是简单地由宽到窄，个别位置可能会有些变化，因此，挤压完以后还需要个别调整。如图5-254所示。

图 5-254

（10）侧面第一条根须的制作方法与前面相同，动态方面仔细参照参考图，这一条根须是从上到下，然后盘旋、扭曲到石屋内侧的。如图5-255所示。

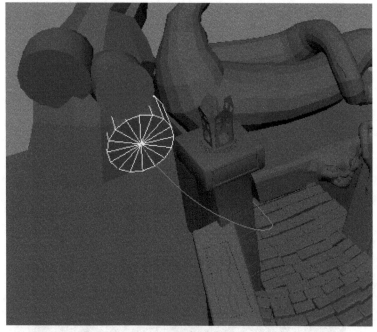

图 5-255

（11）沿曲线挤压，调整相应数值。挤压完毕以后调整相关线的宽度，以和原图契合。如图5-256所示。

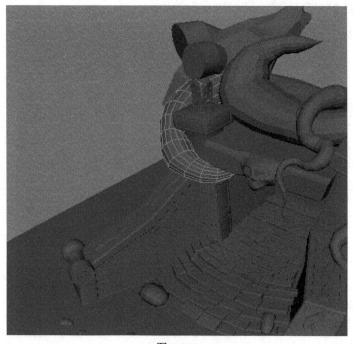

图 5-256

（12）侧面第二条根须的曲线，方法与前面相同。注意与第一条根须的穿插、扭曲关系，它从上方延伸，绕过石墙垂到台阶上方，并伴随着扭曲的动态。如图5-257所示。

图 5-257

（13）侧面第三条根须，从上方盘旋而下，中间会有一些隆起，在尾部有一段垂在石墙上。曲线如图5-258所示。

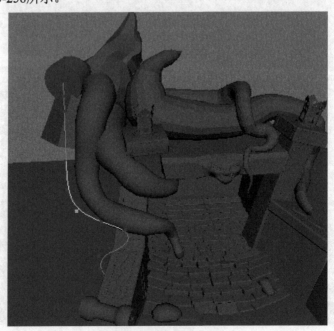

图 5-258

（14）顺势挤压，调整外形，根据根须的变化特点随时修正个别部位的宽度。如图5-259所示。

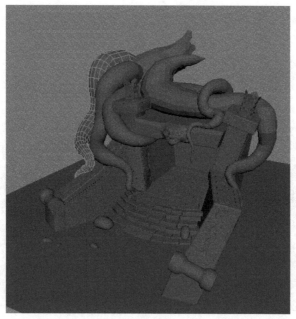

图 5-259

（15）最右侧根须的右下方还有一些小的根须，可以通过复制得到。如图5-260所示，选中某处跟目标外形较为类似的一段根须，然后执行Edit Mesh命令下Duplicate Face（复制面），将该段根须复制出来。

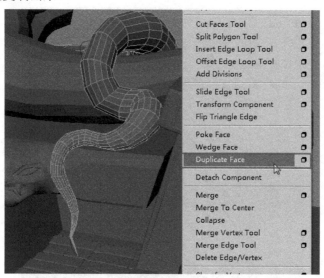

图 5-260

（16）将复制出的物体移动至合适位置，略加调整，使其适应场景。然后，检查所有根须的外形及穿插关系，如果发现某处不合适，可以通过调整该根须的曲线点来修改，或者选中循环线进行缩放修改。最后确认没有问题，选中所有根须，删除历史记录，再删除所有之前遗留的曲线，这样根须就基本制作完成了。如图5-261所示。

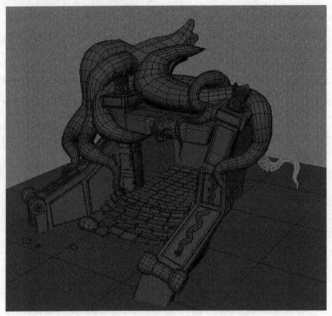

图 5-261

（17）还有一个细节，就是侧面两条根须的上方还有伸出的类似于尖刺状的结构，可以在根须上方通过挤压形成。选择需要挤压的四个面，调整外形，如果段数紧张，可以额外添加一些线。如图5-262所示。

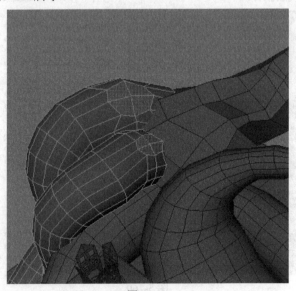

图 5-262

（18）分别挤压出尖刺状的结构，根据图中特点调整外形，在根部保留两条线，这样可以区分开根须和尖刺的关系，形成一个小的导角效果。如图5-263所示。

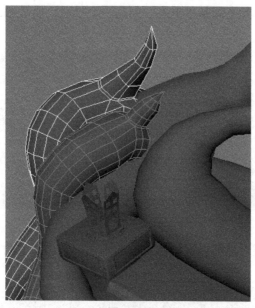

图 5-263

5.5.8　场景细节刻画

　　场景中剩余的细节，比如树叶，以及之前没有刻画到位的地方还需要进一步刻画。

　　（1）观察参考图，可以看到树叶比较零星地分散在场景中，虽然每个个体较为分散，但整体仍然是一簇一簇的，如图5-264所示。树叶的制作思路是先做出几片单独的树叶，然后复制得到整体即可。

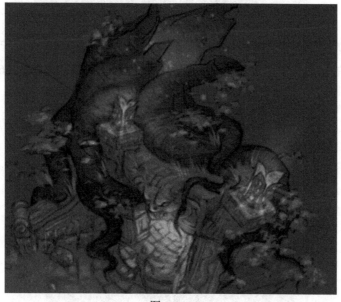

图 5-264

（2）首先制作一个叶子的基本形态。创建一个平面，段数都改为2段，调整点，如图5-265所示。

图 5-265

（3）在复制的时候，遵循以区域为主的原则，先做出左上角一小块区域，如图5-265所示。

图 5-265

（4）继续复制、调整。需要注意，每复制出一片叶子后，都要进行旋转、缩放，这样才能保证叶子的自然生动。复制得到左侧的另一片叶子区域。如图5-266所示。

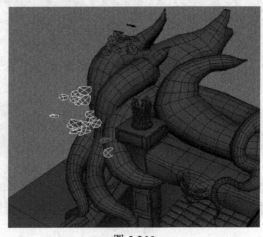

图 5-266

（5）用同样的方法，将整个场景中的叶子制作出来。注意每片叶子的大小变化，不要太死板。效果如图5-267所示。

图 5-267

（6）微调一下房顶的兽头，将兽头到周边的过渡线变得平滑一些。如图5-268所示，在兽头两侧添加循环线，穿过的三角部位执行塌陷，加完线之后略微调整，使其过渡平滑。

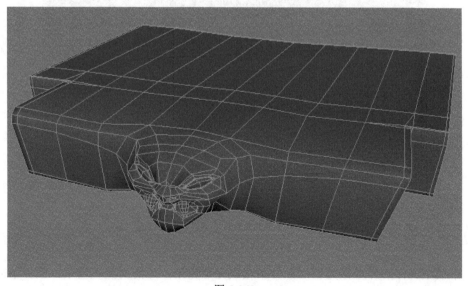

图 5-268

（7）兽头的中间延伸出的两根线使房顶中间多出一圈过渡线，使其过渡平滑，如图5-269所示。

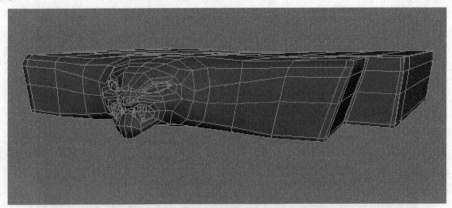

图 5-269

（8）最后，修正不准确的部位，使整体更为和谐。效果如图5-270所示。

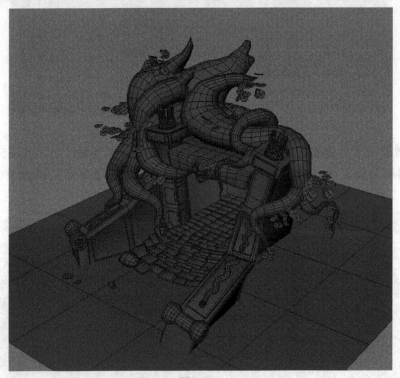

图 5-270

3.5.9　场景文件整理

一个模型文件的外形做完以后，并不代表完全完工，还需要整理场景，删掉不需要的垃圾文件，以及为文件命名等。

（1）首先打开之前制作的场景文件，将之前的参考模型删除。删除的时候可以先把正式模型通过图层隐藏掉，然后选中参考模型，将其删除。如图5-271所示。

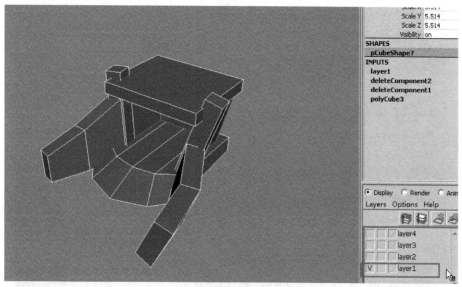

图 5-271

（2）选中场景中所有的模型文件，执行Edit命令下Delete by Type|History（删除历史），将场景模型的历史全部清空。如图5-272所示。

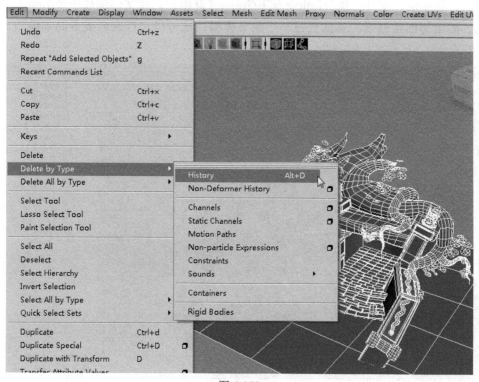

图 5-272

（3）继续选中场景文件，执行Modify命令下Freeze Transformations（冻结），将所有模型的空间信息全部归零冻结，如图5-273所示。

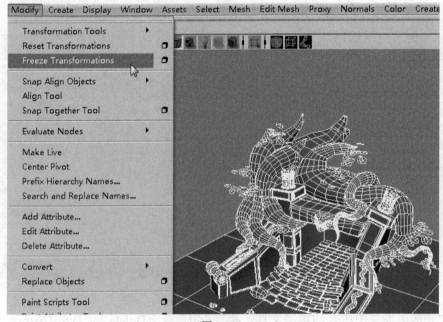

图 5-273

（4）选中所有文件，执行Edit命令下Group（群组），将文件编成一个大组，命名为shiwu。如果再细致整理，具体到每一个细节模型，都可以进行命名或者局部编组。如图5-274所示。

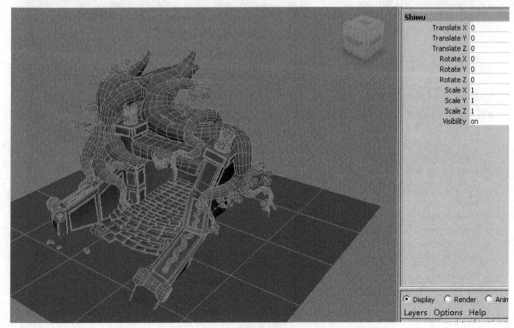

图 5-274

（5）打开Window命令下Outliner（大纲视图），将除了shiwu以外的空组文件全部删除，只保留一个大组。这样整体文件就制作完成了。效果如图5-275所示。

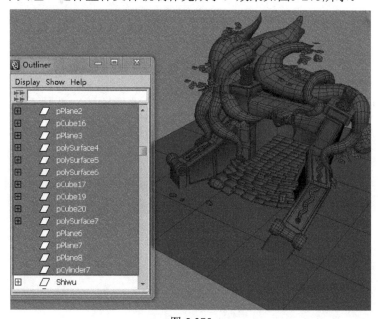

图 5-275